工伤预防知识学习手册丛书

交通运输
工伤预防知识学习手册

主　编◎梁梵洁　张智慧　佟瑞鹏
副主编◎连芳菲　张笑璇

中国劳动社会保障出版社

图书在版编目（**CIP**）数据

交通运输工伤预防知识学习手册 / 梁梵洁，张智慧，佟瑞鹏主编. -- 北京：中国劳动社会保障出版社，2025. --（工伤预防知识学习手册丛书）. -- ISBN 978-7-5167-7044-3

Ⅰ. X951-62

中国国家版本馆 CIP 数据核字第 2025WH1762 号

交通运输工伤预防知识学习手册

JIAOTONG YUNSHU GONGSHANG YUFANG ZHISHI XUEXI SHOUCE

中国劳动社会保障出版社出版发行
（北京市惠新东街 1 号　邮政编码：100029）

*

天津市银博印刷集团有限公司印刷装订　　新华书店经销
880 毫米 ×1230 毫米　32 开本　4.25 印张　93 千字
2025 年 6 月第 1 版　2025 年 6 月第 1 次印刷
定价：16.00 元

营销中心电话：400-606-6496
出版社网址：https://www.class.com.cn

版权专有　　侵权必究

如有印装差错，请与本社联系调换：（010）81211666
我社将与版权执法机关配合，大力打击盗印、销售和使用盗版图书活动，敬请广大读者协助举报，经查实将给予举报者奖励。
举报电话：（010）64954652

"工伤预防知识学习手册丛书"编委会

主　任：佟瑞鹏
副主任：张姜博南　李宝昌
委　员：孙　浩　张渤芩　王露露　王乐瑶　张东许　赵　旭
　　　　孙宁昊　和杰花　李佳航　胡向阳　王　乾　梁梵洁
　　　　李　鑫　王楚涵　赵云昊　宋轩宇　王登辉　姚泽旭
　　　　尹雪晨　郭　钰　孙鹏依　韩吉祥　张晓磊　孟子尧
　　　　刘贤鹏　柴文浩　李慕晨　未宗帅　毛　颖　王益艳
　　　　赵晶荣　董国宇　杨昂滨　武　琪　李佳琦　张笑璇
　　　　连芳菲　王智浩　吴韶辉　李聪聪　李昕阳　张培森
　　　　张智慧　邓盈祺　郝彬鑫　芦佳乐　尼玛平措
　　　　皮芙萍

内容简介
INTRODUCTION

本书以交通运输行业的工伤预防为核心，紧扣国家工伤保险、安全生产法律法规及政策，全面讲解了工伤预防的理论与实践方法，旨在帮助用人单位及其职工更好地应对行业特有的工伤风险，在分析行业工伤特征的基础上，提供系统化的预防对策和操作指南。

本书内容主要包括工伤保险和工伤预防、工伤事故与职业病防治概述、交通运输安全基础知识、道路与轨道交通工伤预防、水路与航空交通工伤预防、职业病预防与健康管理、交通运输事故的应急与自救。

本书内容精简实用，典型性、通用性强，文字表述浅显易懂，版式活泼，搭配原创漫画配图，以便于对重要知识的理解与掌握。本书适合在工伤保险集中宣传活动中进行基础知识普及，适合交通运输有关用人单位开展工伤预防宣传培训使用，适用于广大职工群众提升工伤预防意识、普及工伤保险与安全生产知识。

目 录
CONTENTS

第 1 章　工伤保险和工伤预防 /1
1. 工伤保险的定义与特点 /1
2. 工伤保险的重要意义与原则 /3
3. 我国工伤保险制度发展历程 /5
4. 工伤保险基金与参保缴费 /7
5. 工伤认定 /8
6. 劳动能力鉴定 /12
7. 工伤保险待遇 /13
8. 工伤预防的概念与作用 /15
9. 职工工伤保险和工伤预防的权利与义务 /17
10. 工伤预防管理模式 /19

第 2 章　工伤事故与职业病防治概述 /21
11. 工伤与职业病概念 /21
12. 工伤事故常见种类 /24
13. 造成事故的不安全行为与不安全心理 /27
14. 安全生产教育和培训 /29
15. 安全生产规章制度 /32

16. 作业现场安全信息 /33

17. 职业病的特点与分类 /37

18. 职业病危害因素 /39

19. 职业健康监护 /39

第3章 交通运输安全基础知识 /45

20. 道路交通事故的主要伤害类型 /45

21. 交通运输方式的分类 /46

22. 交通工具上的安全装置 /48

23. 安全带的正确使用方法 /52

24. 个人上下班交通工伤事故 /53

第4章 道路与轨道交通工伤预防 /57

25. 道路交通事故的类型与原因 /57

26. 道路高危路段的预防措施 /62

27. 车辆运行事故与异常状态的预防措施 /65

28. 极端天气安全行车注意事项 /67

29. 车辆与行驶安全的规范管理 /71

30. 轨道交通工伤风险 /72

31. 轨道交通事故的预防措施 /75

32. 车辆与轨道交通的危险货物运输要求 /77

33. 交通运输火灾的综合防范与应对措施 /80

第5章 水路与航空交通工伤预防 /85

34. 水路交通的常见事故及原因 /85

35. 水路交通极端天气事故的预防措施 /88

36. 船舶停泊相关安全注意事项 /89

37. 船舶上特殊作业的安全要求 /91

38. 造成航空交通事故的原因 /97

39. 飞机乘坐安全注意事项 /98

40. 航空安全保障中的重点环节与设备检查 /101

第6章 职业病预防与健康管理 /105

41. 交通运输行业常见职业相关疾病 /105

42. 职工健康检查的制度与责任 /107

43. 噪声性耳聋与视力疲劳综合征的预防措施 /111

44. 交通运输行业其他常见疾病的预防措施 /113

45. 极端天气与中暑的预防措施 /114

第7章 交通运输事故的应急与自救 /117

46. 交通运输火灾事故应急处理 /117

47. 车辆碰撞事故应急处理 /120

48. 休克伤员急救处理 /122

49. 骨折急救与伤员搬运的注意事项 /124

50. 常用止血与绷带包扎方法 /126

第1章 工伤保险和工伤预防

1. 工伤保险的定义与特点

（1）工伤保险的定义

工伤保险是指国家立法实施的，通过用人单位缴费筹资形成基金，对职工因工作原因遭受事故伤害或者患职业病的给予职工及其近亲属相应待遇的一项社会保险制度。

（2）工伤保险的特点

工伤保险具有四个基本特点：一是强制性，工伤保险是由国家通过立法来强制执行的，在立法规定的范围内，用人单位必须参加工伤保险，为职工缴纳工伤保险费；二是非营利性，工伤保险既是国家对职工履行的社会责任，也是职工应该享有的基本权利，国家实行工伤保险制度，目的是保障职工安全健康，因此国家提供所有的工伤保险有关的服务,均不以营利为目的;三是保障性,为工伤职工及其近亲属提供基本生活保障和医疗康复待遇;四是互助互济性,通过法定程序筹集工伤保险基金,实现不同群体、地域和行业间的风险共担和基本调剂。

法律提示

　　《工伤保险条例》于2003年4月27日经中华人民共和国国务院令第375号颁布,自2004年1月1日起施行。2010年12月20日,国务院通过第586号令发布《国务院关于修改〈工伤保险条例〉的决定》,修订后的条例自2011年1月1日起正式施行。

　　现行《工伤保险条例》共8章67条,基本结构为:第一章总则,第二章工伤保险基金,第三章工伤认定,第四章劳动能力鉴定,第五章工伤保险待遇,第六章监督管理,第七章法律责任,第八章附则。

2. 工伤保险的重要意义与原则

（1）工伤保险的重要意义

《工伤保险条例》的立法宗旨是：为了保障因工作遭受事故伤害或者患职业病的职工获得医疗救治和经济补偿，促进工伤预防和职业康复，分散用人单位的工伤风险。这体现了国家设立工伤保险制度的重要意义。

（2）工伤保险的原则

1）强制性原则。国家通过立法的形式强制用人单位对职工遭受的工伤事故和职业病负责，所有用人单位都应当为职工参加工伤保险，并由用人单位缴纳工伤保险费。目前，凡是实行了工伤保险制度的国家，都是通过颁布法律的形式实施的。

2）无过错补偿原则。工伤事故发生后，不管过错在谁，工伤职工均可获得补偿，以保障其及时获得医疗救治和基本生活保障。但这并不妨碍有关部门对事故责任人的追究，以防止类似事故的重复发生。

3）职工个人不缴费原则。这是工伤保险与养老、医疗、失业等其他社会保险项目的区别之处。由于职业伤害是在工作过程中造成的，劳动力是生产的重要要素，职工为用人单位创造财富的同时付出了代价，所以理应由用人单位负担全部工伤保险费，职工个人不缴纳任何费用。

4）风险分担、互助互济原则。通过法律强制征收保险费，建立工伤保险基金，采取互助互济的方法，分散风险，缓解部分企业、行业因工伤事故或职业病所产生的负担。

5）实行行业差别费率和浮动费率原则。为强化不同工伤风险类别行业相对应的用人单位责任，充分发挥缴费费率的经济杠杆作用，促进工伤预防，减少工伤事故，工伤保险实行行业差别费率，并根据用人单位工伤保险支缴率和工伤事故发生率等因素实行浮动费率。

6）补偿、预防与康复相结合原则。工伤补偿、工伤预防与工伤康复三者是密切相连的，构成了工伤保险制度的三个支柱。工伤预防是工伤保险制度的重要内容，工伤保险制度致力于采取各种措施，以减少和预防工伤事故的发生。工伤事故发生后，及时对工伤职工予以医治并给予经济补偿，使工伤职工本人或家庭生活得到一定的保障，是工伤保险制度的基本功能。同时，要及时对工伤职工进行医学康复和职业康复，使其尽可能恢复或部分恢复劳动能力，具备从事某种职业的能力，能够自食其力，这可以减少人力资源和社会资源的浪费。

7）一次性补偿与长期补偿相结合原则。对工伤职工或工亡职工的近亲属，工伤保险补偿实行一次性补偿与长期补偿相结合的办法。如对高伤残等级的职工、工亡职工的近亲属，在依法支付一次性补偿的同时，还按月支付长期补偿。这种一次性补偿与长期补偿相结合的办法，可以长期、有效地保障工伤职工及工亡职工近亲属的基本生活。

Tips 相关链接

《工伤保险条例》第二条规定，中华人民共和国境内的企业、事业单位、社会团体、民办非企业单位、基金会、律师事务所、会计师事务所等组织和有雇工的个体工商户（以下称用人单位）应当依照本条例规定参加工伤保险，为本单位全部职工或者雇工（以下称职工）缴纳工伤保险费。中华人民共和国境内的企业、事业单位、社会团体、民办非企业单位、基金会、律师事务所、会计师事务所等组织的职工和个体工商户的雇工,均有依照本条例的规定享受工伤保险待遇的权利。

3. 我国工伤保险制度发展历程

（1）计划经济时期工伤补偿制度的建立和实施

1951年,中央人民政府政务院颁布了《中华人民共和国劳动保险条例》,这是我国第一部包括养老、工伤、工亡职工遗属等保险项目在内的全国性统一法规,也是社会保障制度在我国开始实施的起点。该条例对劳动保险的实施范围,保险费的征集、管理和支付,保险的项目和标准以及保险业务的执行和监督都作出了明确规定。

劳动保险制度中的工伤补偿制度,结束了我国缺乏完整统一的工伤保障制度的历史,通过实行部分基金统筹的方式,为计划经济时期大规模的建设提供了工伤补偿制度,保障了这一时期工伤职工及其家属的基本生活，具有分散工伤风险、促进经济建设的积极意义。

（2）改革开放时期工伤保险制度的改革、探索和实践

我国工伤保险制度改革始于20世纪80年代中期。1988年，劳动部主持制定了社会保险制度改革方案，选择了社会保险作为我国工伤保险的制度模式，初步形成了工伤保险制度改革框架，提出了工伤保险制度改革的主要内容。

在总结多年工伤保险改革试点经验和借鉴国外成熟做法的基础上，1996年8月12日，劳动部颁布了《企业职工工伤保险试行办法》，对工伤保险制度作了统一规定，对沿用至20世纪90年代初的企业自我保险的工伤制度进行了根本性改革。同时，国家技术监督局也在1996年3月颁布了《职工工伤与职业病致残程度鉴定》（GB/T 16180—1996）。

（3）适应市场经济体制的工伤保险制度的形成

2003年，国务院颁布《工伤保险条例》，标志着适应我国社会主义市场经济体制的工伤保险制度正式形成。

《工伤保险条例》的颁布,在我国工伤保险制度建设进程中具有里程碑意义,标志着我国的工伤保险制度步入了法治化轨道,也预示着我国的工伤保险制度改革进入一个崭新的发展阶段,意味着适应我国社会主义市场经济的新型工伤保险制度已初步构建完成。同时,《工伤保险条例》的出台,使工伤保险成为我国社会保障体系的重要组成部分,对于进一步完善我国的社会保障体系,维护我国经济和社会的健康稳定发展,以及加快推进我国社会保障法治化建设,无疑起到了重要的推动作用。

4. 工伤保险基金与参保缴费

（1）工伤保险基金

稳定充足的工伤保险基金是工伤保险制度顺利实施的保障。《社会保险术语 第5部分：工伤保险》（GB/T 31596.5—2015）中将工伤保险基金定义为：按照法律规定,由用人单位缴纳的工伤保险费及其利息收入,以及其他依法纳入的资金汇集而成的,用于支付工伤保险待遇及其他相关支出的专项资金。

（2）工伤保险参保缴费

随着经济、社会的发展,世界各国已达成共识,认为职工在为用人单位创造财富、为社会作出贡献的同时,还冒着付出健康和生命的代价。因此,由用人单位缴纳工伤保险费是完全必要和合理的。

《工伤保险条例》第十条规定,用人单位应当按时缴纳工伤保险费。职工个人不缴纳工伤保险费。用人单位缴纳工伤保险费的数额为本单位职工工资总额乘以单位缴费费率之积。对难以按照工资总额缴纳工伤保险费的行业，其缴纳工伤保险费的具体方式，由国务院社会保险行政部门规定。

 相关链接

世界各国实行的工伤保险大体分为两种类型：一种是社会保险类型；另一种是雇主责任类型。

实行社会保险类型的国家约占实行工伤保险制度国家的2/3。工伤保险基金可以是一般社会保险基金的组成部分，也可以是单独的。在这些国家中，凡参加工伤保险的雇主，都必须向社会保险机构缴纳工伤保险费。

实行雇主责任类型的是少数国家，体现为雇主责任制。雇主责任制有两种方式：一是工伤职工或其亲属直接向雇主要求索赔；二是雇主为其雇员的工伤风险购买商业保险。雇主责任制下，完全由雇主承担缴费甚至赔偿责任，职工个人不缴费。

5. 工伤认定

（1）各类工伤认定的情形

《工伤保险条例》第十四至十六条分别对应当认定为工伤的情形、视同工伤的情形、不得认定为工伤的情形作出了明确规定。

1）职工有下列情形之一的，应当认定为工伤：

①在工作时间和工作场所内，因工作原因受到事故伤害的。

②工作时间前后在工作场所内，从事与工作有关的预备性或者收尾性工作受到事故伤害的。

③在工作时间和工作场所内，因履行工作职责受到暴力等意外伤害的。

④患职业病的。

⑤因工外出期间，由于工作原因受到伤害或者发生事故下落不明的。

⑥在上下班途中，受到非本人主要责任的交通事故或者城市轨道交通、客运轮渡、火车事故伤害的。

⑦法律、行政法规规定应当认定为工伤的其他情形。

2）职工有下列情形之一的，视同工伤：

①在工作时间和工作岗位，突发疾病死亡或者在48小时之内经抢救无效死亡的。

②在抢险救灾等维护国家利益、公共利益活动中受到伤害的。

③职工原在军队服役，因战、因公负伤致残，已取得革命伤残军人证，到用人单位后旧伤复发的。

职工有前款第①项、第②项情形的，按照《工伤保险条例》有关规定享受工伤保险待遇；职工有前款第③项情形的，按照《工伤保险条例》的有关规定享受除一次性伤残补助金以外的工伤保险待遇。

3）职工符合前述规定，但是有下列情形之一的，不得认定为工伤或者视同工伤：

①故意犯罪的。

②醉酒或者吸毒的。

③自残或者自杀的。

（2）工伤认定的主要流程

申请工伤认定的流程可以总结为发生工伤、提出工伤认定申请、备齐申请材料、社会保险行政部门受理、作出工伤认定五个环节,具体如下。

1)发生工伤。职工发生工伤事故,或被诊断、鉴定为职业病。

2)提出工伤认定申请。职工所在单位应当自职工事故伤害发生之日或者职工被诊断、鉴定为职业病之日起30日内,向统筹地区社会保险行政部门提出工伤认定申请。

用人单位未按规定提出工伤认定申请的,工伤职工或者其近亲属、工会组织在事故伤害发生之日或者被诊断、鉴定为职业病之日起1年内,可以直接向用人单位所在地统筹地区社会保险行政部门提出工伤认定申请。

3)备齐申请材料。提出工伤认定申请应当提交下列材料:

①工伤认定申请表。

②与用人单位存在劳动关系(包括事实劳动关系)的证明材料。

③医疗诊断证明或者职业病诊断证明书(或者职业病诊断鉴定书)。

工伤认定申请表应当包括事故发生的时间、地点、原因以及职工伤害程度等基本情况。

4)社会保险行政部门受理。申请材料完整,属于社会保险行政部门管辖范围且在受理时效内的,应当受理。申请材料不完整的,社会保险行政部门应当一次性书面告知工伤认定申请人需要补正的全部材料。

5)作出工伤认定。社会保险行政部门应当自受理工伤认定申请之日起60日内作出工伤认定的决定,并书面通知申请工伤认定的职工或者其近亲属和该职工所在单位。

案例解读

田某在某市铸造厂从事铸造工作。某日,车间主任派他到该厂另外一车间拿工具。在返回工作岗位途中,田某被该厂建筑工地坠落的砖块砸伤头部,当即被送往医院救治,后被诊断为脑裂伤。出院后,田某向单位申请工伤保险待遇,但是单位认为他不是在本职岗位中受的伤,因此不能享受工伤保险待遇。田某遂向当地社会保险行政部门投诉,要求认定其为工伤。

当地社会保险行政部门经调查后认为:虽然田某的致伤地点不是本职岗位,但他是受领导(车间主任)指派离开本职岗位到另一车间拿工具的,故其受伤地点应属于工作场所。这一事故具有一般工伤事故应具备的"三工"要素,即在工作时间、工作地点、因工作原因而受伤。因此,当地社会保险行政部门认定田某为工伤,并依法要求单位按规定给予田某相应的工伤保险待遇。

6. 劳动能力鉴定

（1）劳动能力鉴定申请条件

劳动能力鉴定申请是在法律与制度的严格规范下，有着明确且严谨的条件要求，旨在确保整个鉴定过程的科学性、公正性以及权威性，让每一位遭受工伤的职工都能获得与其身体损伤状况和劳动能力丧失程度相匹配的合理保障。

具体来说，工伤职工进行劳动能力鉴定应符合以下条件：一是经过治疗后，伤情处于相对稳定状态，这样便于劳动能力鉴定机构聘请的医疗专家对伤情进行鉴定；二是职工经治疗后，确认是因工伤原因造成身体上的残疾；三是工伤职工的残疾对以后的工作、生活将产生直接影响，并且伤残程度已经影响到职工本人的劳动能力。在上述情况下，工伤职工应当进行劳动能力鉴定。

（2）劳动能力鉴定主体

工伤职工或者其用人单位应当及时向设区的市级劳动能力鉴定委员会提出劳动能力鉴定申请。

（3）劳动能力鉴定流程

申请劳动能力鉴定的主要流程可以总结为以下五个环节。

1）职工伤情基本稳定，进行劳动能力鉴定。职工发生工伤，经治疗伤情相对稳定后存在残疾、影响劳动能力的，或者停工留薪期满（含劳动能力鉴定委员会确认的延长期限）的，应依法进行劳动能力鉴定。劳动功能障碍分为十个伤残等级，最重的为一级，最轻的为十级。生活自理障碍分为三个等级，即生活完全不能自理、生活大部分不能自理和生活部分不能自理。

2）备齐材料，提出申请。申请劳动能力鉴定应当填写劳动能力鉴定申请表，并提交材料：有效的诊断证明，按照医疗机构病历管理有关规定复印或者复制的检查、检验报告等完整病历材料；工伤职工的居民身份证或者社会保障卡等其他有效身份证明原件。通过信息共享能够获取的申请材料，不得要求重复提交。

3）接受申请，作出鉴定结论。劳动能力鉴定委员会应当自收到材料完整的劳动能力鉴定申请之日起60日内作出劳动能力鉴定结论。必要时，该期限可以延长30日。劳动能力鉴定结论应当及时送达申请鉴定的单位和个人。

4）对鉴定结论不服的，可申请再次鉴定。申请鉴定的单位或个人对初次鉴定结论不服的，可以在收到鉴定结论之日起15日内，向省、自治区、直辖市劳动能力鉴定委员会申请再次鉴定。省、自治区、直辖市劳动能力鉴定委员会作出的劳动能力鉴定结论为最终结论。

5）若伤残情况发生变化，可申请劳动能力复查鉴定。自工伤职工劳动能力鉴定结论作出之日起1年后，工伤职工、用人单位或者社会保险经办机构认为伤残情况发生变化的，可以向设区的市级劳动能力鉴定委员会申请劳动能力复查鉴定。对复查鉴定结论不服的，可以按照上述规定申请再次鉴定。

7. 工伤保险待遇

（1）工伤保险待遇享受条件

《中华人民共和国社会保险法》第三十六条规定，职工因工作原因受到事故伤害或者患职业病，且经工伤认定的，享受工伤保险待遇；其中，经劳动能力鉴定丧失劳动能力的，享受伤残待遇。

（2）工伤保险待遇主要类型

《工伤保险条例》中规定的工伤保险待遇主要有以下四种类型。

1）工伤医疗及康复待遇。包括工伤医疗及相关补助待遇、工伤康复待遇、辅助器具的安装配置待遇等。

2）停工留薪期待遇。职工因工作遭受事故伤害或者患职业病需要暂停工作接受工伤医疗的，在停工留薪期内，原工资福利待遇不变，由所在单位按月支付。停工留薪期一般不超过12个月。伤情严重或者情况特殊，经设区的市级劳动能力鉴定委员会确认，可以适当延长，但延长不得超过12个月。生活不能自理的工伤职工在停工留薪期需要护理的，由所在单位负责。

3）伤残待遇。根据工伤发生后劳动能力鉴定确定的劳动功能障碍程度和生活自理障碍程度的等级不同，工伤职工可享受相应的一次性伤残补助金、伤残津贴、一次性工伤医疗补助金、一次性伤残就业补助金及生活护理费等。

4）工亡待遇。职工因工死亡，其近亲属按照规定从工伤保险基金领取丧葬补助金、供养亲属抚恤金和一次性工亡补助金。

（3）停止享受工伤保险待遇的情形

1）丧失享受待遇条件的。如果工伤职工在享受工伤保险待遇期间情况发生了变化，不再具备享受工伤保险待遇的条件，如劳动能力得以完全恢复而无须工伤保险制度提供保障时，应当停发工伤保险待遇。

2）拒不接受劳动能力鉴定的。如果工伤职工没有正当理由拒不接受劳动能力鉴定，一方面工伤保险待遇无法确定，另一方面也表明工伤职工并不愿意接受工伤保险制度提供的帮助，故不应当再享受工伤保险待遇。

3）拒绝治疗的。职工遭受事故伤害或患职业病后，有享受工伤医疗待遇的权利，也有积极配合医疗救治的义务。如果无正当理由拒绝治疗，一味消极地依靠社会救助，有悖于这一义务，则不得再继续享受工伤保险待遇。

8. 工伤预防的概念与作用

（1）工伤预防的概念

工伤预防是指避免与降低工伤风险所采取的宣传和培训等手段和措施。其中，工伤风险是指在工作过程中工伤发生概率和造成危害的程度。

工伤预防的目的是从源头上减少和避免工伤事故和职业病的发生，实现最大限度减少工伤的最终目标。因此，在工伤保险工作中，应将工伤预防放在首位。

（2）工伤预防的地位和作用

工伤预防是建立健全工伤预防、工伤补偿和工伤康复"三位一体"工伤保险制度的重要内容。《工伤保险条例》把工伤预防定为工伤保险三大任务之一，从而逐步改变了过去重补偿、轻预防的模式。生命安全和身体健康是职工的最大利益，用人单位和职工要共同做好工伤预防工作，坚持"安全第一、预防为主、综合治理"的安全生产工作方针。

工伤预防的作用主要表现在以下两方面。

1）工伤预防可以从源头上降低工伤事故和职业病的发生概率，

保障职工的安全健康。预防的要义在于"事先防范",防未发生的事故,防"未病之病",防患于未然。企业要进行生产活动,就存在发生伤亡事故和职业病的可能。有关研究表明,现有的工伤事故80%以上是可以通过安全生产管理与技术等手段避免的,说明了工伤预防工作的迫切性和重要性。

2)工伤预防工作从根本上有利于企业发展,促进社会和谐稳定。随着工伤保险制度的不断完善,工伤预防工作将得到逐步加强。一方面,通过工伤预防,可以提升企业安全生产管理水平,消除事故隐患,从而减少和避免事故的发生。这既能有效保护职工的生命安全与身体健康,也能降低事故给企业带来的经济损失,确保企业生产经营活动的顺利进行,进而推动企业的良性发展,为经济社会的进步贡献力量。另一方面,工伤事故的减少,将大幅度降低由此引发的劳资争议,有利于建立和谐的劳动关系,进而促进社会和谐稳定。

 相关链接

在我国,工伤预防与安全生产关系密切,存在互相促进的辩证关系。工伤预防在促进安全生产、保护职工的安全健康方面有着十分重要的意义和作用;反过来,安全生产对工伤预防也有十分重要的促进作用。

9. 职工工伤保险和工伤预防的权利与义务

(1)职工工伤保险和工伤预防的权利

职工工伤保险和工伤预防的权利主要体现在以下方面。

1)有权获得劳动安全卫生教育和培训,了解所从事的工作可能对身体健康造成的危害和可能发生的安全事故。

2）有权获得保障自身安全、健康的劳动条件和个人防护用品。

3）有权对用人单位管理人员违章指挥、强令冒险作业予以拒绝。

4）有权对危害生命安全和身体健康的行为提出批评、检举和控告。

5）从事职业危害作业的，有权获得定期健康检查。

6）发生工伤时，有权得到抢救治疗。

7）发生工伤后，有权申请工伤认定和享受工伤保险待遇。

8）有权申请劳动能力鉴定和再次鉴定，认为伤残情况发生变化的，有权申请劳动能力复查鉴定。

9）因工致残尚有工作能力的，有权在就业方面得到特殊保护，得到职业康复培训和再就业帮助。依照法律规定，用人单位对因工致残的职工不得解除劳动合同，并应根据不同情况安排适当工作。

10）与用人单位发生工伤保险待遇方面争议的，有权按照处理劳动争议的有关规定处理；对工伤认定结论不服或对经办机构核定的工伤保险待遇持有异议的，可以依法申请行政复议，也可以依法向人民法院提起行政诉讼。

（2）职工工伤保险和工伤预防的义务

权利与义务是对等的，有相应的权利，就有相应的义务。职工工伤保险和工伤预防的义务主要体现在以下方面。

1）有义务遵守劳动纪律和用人单位的规章制度，做好本职工作和被临时指派的工作，服从本单位负责人的工作安排和指挥。

2）在劳动过程中必须严格遵守安全操作规程、正确使用个人防护用品，依法接受劳动安全卫生教育和培训，配合用人单位积极预防工伤事故和职业病的发生。

3）申请工伤认定、劳动能力鉴定时，有义务如实反映发生的工伤事故和职业病的有关情况及工资收入、家庭等有关情况；当有关部门调查取证时，应当给予配合。

4）除紧急情况外，工伤职工应当到工伤保险签订服务协议的医疗机构进行治疗，对于治疗、劳动能力鉴定、康复要接受有关机构的安排，并给予配合。

10. 工伤预防管理模式

目前，世界上工伤预防体制主要可以分为三类：第一类为独立型，即工伤保险机构自身单独管理和核算，从而使工伤预防体制相对独立。这种体制以意大利和德国为代表，在世界上为数不少。第二类为混合型，即由几个部门联合管理工伤预防，如英国和大多中欧、东欧国家，一般有两个相互独立的政府部门，一个主管职业安全，另一个主管职业卫生。第三类为附属型，即工伤预防职能归属于国家的某个部委，该部委主要是分管劳动和卫生的，如日本、芬兰、荷兰和挪威等国。

目前我国的工伤预防管理模式主要有以下三个方面。

（1）扩大工伤保险覆盖面

工伤保险作为一种"保险"，大数法则是其一个十分重要的原则，即参加保险者必须有较大的人群才能共同应对风险，才能较好开展工伤预防等工作。

（2）费率机制预防措施

费率机制的预防措施是指在筹集工伤保险基金的过程中，采取工伤保险行业差别费率和浮动费率机制，根据用人单位的工伤风险和工伤事故发生情况，调整用人单位的缴费费率，即对安全生产状况差、使用工伤保险基金多的用人单位提高缴费比例，对安全生产情况好、使用工伤保险基金少的用人单位降低缴费比例。这实质上是对两种不同情况用人单位的奖惩措施，可以引导用人单位做好工伤预防，利用经济杠杆作用激励和督促用人单位加强安全生产管理及工伤预防工作。

（3）其他综合性预防措施

其他综合性预防措施主要指从工伤保险基金中提取一定比例的工伤预防费，做好工伤预防宣传与培训工作，提高用人单位和职工的工伤预防意识和能力，减少工伤事故和职业病的发生。

第2章 工伤事故与职业病防治概述

11. 工伤与职业病概念

（1）工伤概念

工伤,亦称职业伤害、工作伤害,各国的概念不尽相同。"工伤"一词比较规范的说法是在1921年国际劳工大会上通过的公约中提及的,即"由于工作原因受到事故伤害的情况为工伤"。1964年第48届国际劳工大会也规定了工伤补偿应将职业病和上下班交通事故包括在内。

第13次国际劳动统计会议使用了雇佣事故的定义,它是指由雇佣引起或在雇佣过程中发生的事故(工业事故和上下班事故)。雇佣伤害是指由雇佣事故导致的所有伤害和所有职业病。

我国国家标准《社会保险术语 第5部分:工伤保险》(GB/T

31596.5—2015)中将"工伤"定义为"职工因工作遭受事故伤害或患职业病"。另外与工伤相关的概念有以下几种。

1)工伤风险。在工作过程中工伤发生的概率和造成危害的程度。

2)工伤发生率。在一定时期内,用人单位(或统筹地区)发生工伤的人次数占职工总人数的比率。

3)工伤预防。避免与降低工伤风险所采取的宣传和培训等手段和措施。

(2)职业病相关概念

《中华人民共和国职业病防治法》规定,职业病是指企业、事业单位和个体经济组织等用人单位的劳动者在职业活动中,因接触粉尘、放射性物质和其他有毒、有害因素而引起的疾病。《职业病诊断名词术语》(GBZ/T 157—2009)中,对职业病诊断及相关概念作出了解释。

1）职业病诊断。具有职业病诊断资质的医疗卫生机构，根据《中华人民共和国职业病防治法》《职业病诊断与鉴定管理办法》和相关职业病诊断标准，以劳动者的职业病危害因素接触史、临床表现和医学检查结果为主要依据，结合既往病史、工作场所职业病危害因素检测情况等资料，综合分析其疾病的特征和发展变化是否符合相应的职业病特征、发生发展规律和流行病学规律，对接触职业病危害因素的劳动者作出是否患有职业病的诊断结论。

2）职业病诊断证明书。职业病诊断机构依据国家有关法规，向劳动者、用人单位出具的职业病诊断证明文件。

3）职业病诊断鉴定书。职业病诊断鉴定委员会依据国家有关法规向申请职业病鉴定的当事人出具的职业病鉴定结果证明文件。

4）职业病诊断标准。国家卫生健康委员会颁发的具有法规意义的职业病诊断技术标准。

5）职业病诊断分级标准。职业病诊断标准中，作为反映疾病严重程度分级的临床及实验室指标。

6）职业病诊断指标。职业病诊断标准中，作为职业病诊断依据的症状、体征和实验室检查的特异性或非特异性指标。

（3）法定职业病

职业病是一种人为的疾病。它的发生率与患病率的高低，直接反映疾病预防控制工作的水平。世界卫生组织对职业病的定义，除医学的含义外，还赋予立法意义，即由国家所规定的"法定职业病"。

法定职业病必须具备四个条件：一是患者主体仅限于企业、事业单位和个体经济组织等用人单位的劳动者；二是必须在从事职业活动的过程中产生；三是必须因接触粉尘、放射性物质和其他有毒、有害物质等职业病危害因素引起;四是必须列入国家规定的职业病范围。

12. 工伤事故常见种类

(1) 电气事故

电气事故是指由电气设备非正常运行或人员操作失误直接或间接造成设备损坏、人员伤亡、环境破坏等后果的事件。电气事故可分为触电事故、静电事故、雷电灾害、射频辐射危害和电路故障五类。触电事故的发生存在以下规律:错误操作和违章作业造成的触电事故多;中青年工人、非专业电工造成的触电事故多;低压设备造成的触电事故多;移动式设备和临时性设备造成的触电事故多;电气连接部位造成的触电事故多;6—9月份触电事故多;具有环境特点。

(2) 机械事故

机械事故是指在机械操作过程中,由于设备故障、操作失误、防护措施不到位等原因导致的人员伤亡事件。机械事故的种类包括:机械设备的零部件处于旋转运动状态时造成的伤害;机械设备的零部件处于直线运动状态时造成的伤害;刀具造成的伤害;被加工零部件造成的伤害;电气系统造成的伤害;手用工具造成的伤害;其他伤害。

(3) 焊接切割事故

焊接切割会产生高温热源,操作时,若操作人员违规未穿戴好防护用具,飞溅的火花极易烫伤皮肤、灼伤眼睛,引发不可逆损伤。设备漏电、回火处理不当等状况,也常导致操作人员触电、遭受灼烫。该类事故的常见种类包括:火灾、爆炸;触电;烫伤;弧光导致的眼病;粉尘爆炸或引起职业病。

（4）火灾爆炸及危险化学品事故

火灾爆炸事故不仅会破坏工厂的设施和设备，而且会带来严重的人员伤亡。特别是由于爆炸的发生，不像火灾那样，根本没有初期灭火或疏散等机会。危险化学品事故同样是导致工伤的重要原因之一。包装破损、违规混放等行为，极易导致危险化学品泄漏。一旦人员吸入或接触这些泄漏的物质，就可能发生中毒事故。而如果泄漏的化学品遇到明火，火灾爆炸事故就可能随之发生，给企业带来极其惨重的损失。

（5）起重事故

很多企业生产过程中都包含起重作业。起重事故一般是指在起重作业过程中发生的，导致人员伤亡、财产损失、设备损坏或者对周边环境产生不良影响的意外事件。起重事故的类型包括坠落事故、触电事故、挤伤事故、机毁事故和其他事故，主要原因包括挤压碰撞人、触电（电击）、高处坠落、吊物（具）坠落砸人、机体倾翻等。

（6）厂内运输事故

该类事故常见种类包括车辆伤害、物体打击、高处坠落、火灾爆炸等。其中以车辆伤害为主，其原因是多方面的，主要包括人（驾驶人员、行人、装卸工）、车（机动车与非机动车）、道路环境三个综合因素。在这三个因素中，人是最为重要的因素。

（7）建筑施工事故

建筑施工中最常见的事故为高处作业事故。在距坠落高度基准面2米及2米以上有可能坠落的高处进行的作业均称为高处作业。另外，建筑施工工伤的其他来源包括瓦工作业、抹灰作业、木工作业、钢筋作业、架子工作业以及施工现场机动车驾驶作业。

（8）矿山事故

矿山事故是指在矿山开采、挖掘、运输等作业环节中，因各类危险因素引发的，致使矿工身体受到伤害的意外事件。例如，冒顶片帮时顶板突然垮塌，矿工躲避不及被砸伤；瓦斯爆炸瞬间释放巨大能量，造成烧伤、冲击伤；矿车脱轨，矿工被甩落受伤等。矿山事故既严重威胁矿工生命安全，也影响矿山的正常生产经营。

（9）道路交通事故

在工伤认定中，道路交通事故是指职工在上下班途中或因工作需要外出时，于道路上发生非本人主要责任的交通事故。例如，职工驾车去拜访客户，途中突遭其他车辆违规变道撞击，身负重伤；职工骑电瓶车通勤，因雨天路滑被机动车碰撞摔倒。这类事故既让职工身体承受痛苦，也可能给企业带来赔付压力，干扰正常的工作秩序。

13. 造成事故的不安全行为与不安全心理

（1）不安全行为

一般地说，凡是能够或可能导致事故发生的人为错误均属于不安全行为。《企业职工伤亡事故分类》（GB 6441—1986）中规定的13大类不安全行为如下：

1）操作错误，忽视安全，忽视警告。

2）造成安全装置失效。

3）使用不安全设备。

4）手代替工具操作。

5）物体（指成品、半成品、材料、工具、切屑和生产用品等）存放不当。

6）冒险进入危险场所。

7）攀、坐不安全位置（如平台护栏、汽车挡板、吊车吊钩）。

8）在起吊物下作业、停留。

9）机器运转时从事加油、修理、检查、调整、焊接、清扫等工作。

10）分散注意力的行为。

11）在必须使用个人防护用品用具的作业或场合中，忽视其使用。

12）不安全装束（如在有旋转零部件的设备旁作业时穿肥大服装，操纵带有旋转零部件的设备时戴手套）。

13）对易燃、易爆等危险物品处理错误。

（2）不安全心理

根据大量的工伤事故案例分析，导致职工发生职业伤害事故最常见的不安全心理主要有以下几种。

1）自我表现心理——"虽然我进厂时间短,但我年轻、聪明,干这活儿不在话下。"

2）经验心理——"多少年一直都是这样干的,干了多少遍了,不会有问题。"

3）侥幸心理——"完全照操作规程做太麻烦了,变通一下也不一定会出事吧。"

4）从众心理——"他们都没戴安全帽,我也不戴了。"

5）逆反心理——"凭什么听班长的!今天我就这么干,我就不信会出事。"

6）反常心理——"早上孩子肚子疼,自己去了医院,也不知道是什么病,真担心。"

 案例解读

某日，某厂生产一班皮带操作工张某、和某两人打扫4号给矿皮带附近的场地，清理积矿。张某清扫完非人行道上的积矿后，准备到人行道上帮助和某清扫。为图方便，张某拿着1.7米长的铁铲违章从4号给矿皮带与5号给矿皮带之间穿越（当时，4号给矿皮带正以每秒2米的速度运行，5号给矿皮带已停运）。此时，张某手里拿的铁铲触及4号给矿皮带的张紧轮，铁铲和人一起被卷到了皮带张紧轮上。铁铲的木柄被折成两段弹了出去，而张某的头部被顶在张紧轮外的支架上，在高速运转的皮带挤压下，导致其头骨破裂，当场死亡。

这起事故的直接原因是张某安全意识淡薄，自我保护意识极差，严重违反了皮带操作工安全操作规程中关于"严禁穿越皮带"的规定。事后据调查，张某曾多次违章穿越皮带，属于习惯性违章。正是他的违章行为，导致了这次人员死亡事故的发生。

这起事故给人们的教训是，企业应设置有效的安全防护设施，提高设备的本质安全水平。同时，对职工要加强教育，增强其安全意识，杜绝造成事故的不安全行为和不安全心理。

14. 安全生产教育和培训

《中华人民共和国安全生产法》第二十八条规定，生产经营单位应当对从业人员进行安全生产教育和培训，保证从业人员具备必要的安全生产知识，熟悉有关的安全生产规章制度和安全操作规程，掌握本岗位的安全操作技能，了解事故应急处理措施，知悉自身在安全生产方面的权利和义务。未经安全生产教育和培训合格的从业人员，不得上岗作业。

（1）安全生产教育和培训的对象

1）生产经营单位应当进行安全生产教育和培训的对象包括主要负责人、安全生产管理人员、特种作业人员和其他从业人员。

2）生产经营单位使用被派遣劳动者的，应当将被派遣劳动者纳入本单位从业人员统一管理，对被派遣劳动者进行岗位安全操作规程和安全操作技能的教育和培训。劳务派遣单位应当对被派遣劳动者进行必要的安全生产教育和培训。

3）生产经营单位接收中等职业学校、高等学校学生实习的，应当对实习学生进行相应的安全生产教育和培训，提供必要的个人防护用品。学校应当协助生产经营单位对实习学生进行安全生产教育和培训。

（2）安全生产教育和培训的核心目的

1）统一思想，提高认识。通过安全生产教育和培训，把职工的思想统一到"安全第一、预防为主、综合治理"的方针上来，使生产经营管理者和各级领导真正把安全摆在"第一"的位置，在从事生产经营管理活动中坚持"五同时"的基本原则；使广大职工认识到安全生产的重要性，从"要我安全"变为"我要安全""我会安全"，做到"三不伤害"（即不伤害自己、不伤害他人、不被他人所伤害），提高自觉抵制"三违"（即违章指挥、违章操作、违反劳动纪律）的能力。

2）提高企业的安全生产管理水平。安全生产管理包括对全体职工的安全生产管理，对设备、设施的安全技术管理和对作业环境的劳动卫生管理。通过安全生产教育和培训，提高各级领导干部的安全生产政策执行水平，掌握有关安全生产法律法规、制度，学习应用先进的安全生产管理方法、手段，提高全体职工在各自工作范围内对设备、设施和作业环境的安全生产管理能力。

3）提高全体职工的安全知识和安全技能水平。安全知识包括对生产活动中存在的各类危险因素和危险源的辨识、分析、预防、控制等知识，安全技能包括安全操作的技巧、紧急状态的应变能力以及应对事故状态的急救、自救和处理能力。通过安全生产教育和培训，使广大职工掌握安全生产知识，提高安全操作水平，发挥自防自控的自我保护及相互保护作用，从而有效地防止事故发生。

（3）安全生产教育和培训的内容

安全生产教育和培训的内容主要包括思想教育、法治教育、知识教育和技能训练。

1）思想教育主要是安全生产方针政策教育、形势任务教育和重要意义教育等。通过形式多样、丰富多彩的安全生产教育和培训，使各级经营管理者牢固地树立起"安全第一"的思想，正确处理各自业务范围内的安全与生产、安全与效益的关系；主动采取事故预防措施；提升安全意识，激励安全动机，自觉采取安全行为。

2）法治教育主要是法律法规教育、执法守法教育、权利义务教育等。通过法治教育，使企业的各级管理者和全体职工知法、懂法、守法，以法规为准绳约束自己，履行自己的义务，以法律为武器维护自己的权利。

3）知识教育主要是安全生产管理、安全技术和劳动卫生知识教育。通过知识教育，使企业的各级经营管理者了解和掌握安全生产规律，熟悉自己业务范围内必需的安全生产管理理论和方法及相关的安全技术、劳动卫生知识,提高安全管理水平;使全体职工掌握各自必要的安全技术,提高企业的整体安全素质。

4)技能训练主要是针对各个不同岗位或工种的从业人员所必需的安全生产方法和手段的训练,如安全操作技能训练、危险预知训练、紧急状态事故处理训练、自救互救训练、消防演习、逃生避险训练等。通过技能训练,使从业人员掌握必备的安全生产技能与技巧。

15. 安全生产规章制度

(1) 安全生产规章制度的定义

安全生产规章制度是指生产经营单位依据有关法律法规、国家和行业标准,结合生产经营过程中的安全生产实际,以生产经营单位名义起草颁发的有关安全生产的规范性文件,一般包括规程、标准、规定、措施、办法、制度、指导意见等。

安全生产规章制度是生产经营单位落实有关安全生产法律法规、国家和行业标准,贯彻国家安全生产方针政策的行动指南,有效防范生产经营过程中安全生产风险,保障从业人员安全和健康,加强安全生产管理的重要措施。

(2) 建立安全生产规章制度的意义

生产经营单位必须依法建立健全以安全生产责任制为核心的安全生产管理规章制度体系。安全生产规章制度是生产经营单位规章制度的重要组成部分,是有关法律、法规、标准在生产经营单位安全生产中的具体落实,是统一全体从业人员从事安全生产的行为准则。因此,一切生产经营单位都必须建立健全一整套既符合有关法律、法规、标准，又符合生产经营单位生产经营管理实际的安全生产规章制度。

建立健全安全生产规章制度是生产经营单位安全生产的重要保障。生产经营单位需要对生产工艺过程、机械设备、人员操作进行系统分析、评价，制定出一系列的操作规程和安全控制措施，以保障生产经营工作合法、有序、安全地运行，将安全风险降到最低。在长期的生产经营活动中，生产经营单位积累了大量的安全风险防范措施，这些措施只有形成安全生产规章制度，才能有效地得到继承和发扬。

建立健全安全生产规章制度是生产经营单位保护从业人员安全与健康的重要手段。只有通过安全生产规章制度的约束，才能防止生产经营单位安全生产管理的随意性，才能使从业人员进一步明确自己的安全生产义务，有效地保障从业人员的合法权益。同时，也为从业人员在生产经营过程中遵章守纪提供明确的标准和依据。

（3）安全生产规章制度的主要内容

一般生产经营单位制定的安全生产规章制度的主要内容包括安全生产教育和培训制度、安全检查制度、安全生产奖惩制度、事故的报告和处理制度、个人防护用品管理制度、设备安全管理制度、危险作业管理制度、安全操作规程等。特殊或专项作业项目的安全生产规章制度可结合项目自身要求加以制定。

16. 作业现场安全信息

（1）安全色

安全色是指传递安全信息含义的颜色，包括红色、黄色、蓝色、绿色四种颜色。它以醒目的色彩向人们提供禁止、警告、指令、提示等安全信息。

1）红色传递禁止、停止、危险或提示消防设备、设施的信息。禁止使用、停止使用和有危险的器件设备或环境涂以红色的标记，如禁止标志、交通禁令标志、消防设备等。

2）黄色传递注意、警告的信息。警告人们需要注意的器件、设备或环境涂以黄色标记，如警告标志、交通警告标志等。

3）蓝色传递必须遵守规定的指令性信息，如必须佩戴个人防护用品标志、交通指示标志等。

4）绿色传递安全的提示性信息。可以通行或安全的情况涂以绿色标记，如允许通行标志、机器启动按钮、安全信号旗等。

（2）对比色

对比色是为了使安全色更加醒目所用的反衬色。

对比色有黑和白两种颜色。黄色安全色的对比色为黑色，红色、蓝色、绿色安全色的对比色均为白色，而黑、白两色互为对比色。

1）黑色用于安全标志的文字、图形符号，警告标志的几何边框和公共信息标志等。

2）白色既可作为安全标志中红、蓝、绿安全色的背景色，也可用于安全标志的文字和图形符号，以及安全通道、交通的标线、铁路站台上的安全线等。

3）红色与白色相间的条纹比单独使用红色更加醒目，表示禁止通行、禁止跨越等，用于公路交通等方面的防护栏杆及隔离墩。

4）黄色与黑色相间的条纹比单独使用黄色更为醒目，表示要特别注意，用于起重吊钩、剪板机压紧装置、冲床滑块等。

5）蓝色与白色相间的条纹比单独使用蓝色更醒目，用于指示方向，多为交通指导性导向标。

（3）安全线

安全线是指工矿企业中用以划分安全区域与危险区域的分界线。厂房内安全通道的标示线、铁路站台上的安全线都是常见的安全线。在生产过程中，有了安全线的标示，人们就能区分安全区域和危险区域，有利于人们对危险区域的认识和判断。

（4）安全标志

安全标志由图形符号、安全色、几何形状（边框）或文字构成，用以表达特定的安全信息。使用安全标志的目的是提醒人们注意不安全因素，防止事故发生，起到保障安全的作用。当然，安全标志本身并不能消除任何危险，也不能取代预防事故的相应设施。

1）安全标志的类型。安全标志分为禁止标志、警告标志、指令标志和提示标志四大类。

①禁止标志是禁止人们不安全行为的图形标志。其基本形式为带斜杠的圆边框。圆环和斜杠为红色，图形符号为黑色，衬底为白色。

禁止跨越

禁止吸烟

禁止饮用

②警告标志是提醒人们对周围环境引起注意，以避免可能发生危险的图形标志。其基本形式是正三角形边框。三角形边框及图形为黑色，衬底为黄色。

当心火灾　　　　　注意安全　　　　　当心触电

③指令标志是强制人们必须做出某种动作或采用防范措施的图形标志。其基本形式是圆形边框。图形符号为白色，衬底为蓝色。

必须戴安全帽　　　必须戴防尘口罩　　必须佩戴安全带

④提示标志是向人们提供某种信息的图形标志。其基本形式是正方形边框。图形符号为白色，衬底为绿色。

避险处　　　　　　紧急出口　　　　　可动火区

2）使用安全标志的相关规定。在有较大危险因素的生产经营场所或者有关设施设备上，必须依法设置明显的安全标志，以提醒、警告职工，使他们能时刻清醒地认识到所处环境的危险，提高注意力，加强自身安全保护。

在设置安全标志方面，我国已有诸多相关法律法规。如《中华人民共和国安全生产法》规定，生产经营单位应当在有较大危险因素的生产经营场所和有关设施设备上，设置明显的安全警示标志。安全标志必须符合国家标准。设置的安全标志，未经有关部门批准，不准移动和拆除。

17. 职业病的特点与分类

（1）职业病的特点

1）职业病的病因是明确的，即由于劳动者在职业活动过程中长期受到来自化学、物理、生物的职业病危害因素的侵害，或长期受不良的作业方法、恶劣的作业条件的影响。这些因素及影响对职业病的起因，直接或间接地、个别或共同地发生作用。例如，职业性苯中毒是劳动者在职业活动中接触苯引起的；尘肺是劳动者在职业活动中吸入相应的粉尘引起的。

2）疾病发生与劳动条件密切相关。职业病的发生与生产环境中有害因素的数量或强度、作用时间、劳动强度及个人防护等因素密切相关。例如，急性中毒的发生，多由短期内大量吸入毒物引起；慢性职业中毒，则多由长期吸收较少量的毒物蓄积引起。

3）所接触的病因大多是可以检测的，而且其浓度或强度需要达到一定的程度，才能使劳动者致病，一般接触职业病危害因素的浓度或强度与病因有直接关系。

4）职业病不同于突发性事故或疾病，其病症要经过一个较长的逐渐形成期或潜伏期后才能显现，属于缓发性伤残。

5）职业病具有群体性发病特征，在接触同样有害因素的人群中，多是同时或先后出现一批相同的职业病病人，很少出现仅有个别人发病的情况。

6）由于职业病多表现为体内生理器官或生理功能的损伤，因而是只见"病症",不见"伤口"。

7)大多数职业病如能早期诊断、及时治疗、妥善处理,则预后较好。但有的职业病(如矽肺、煤工尘肺等)属于不可逆性损伤,很少有痊愈的可能,只能对症处理、减缓进程,故发现越晚,疗效越差。

8)除职业性传染病外,治疗个体无助于控制人群发病,必须有效"治疗"有害的工作环境。从病因上来说,职业病是完全可以预防的,发现病因,改善劳动条件,控制职业病危害因素,即可减少职业病的发生。

9)在同一生产环境从事同一工种的人群中,个体发生职业性损伤的概率和程度也有差别。

10)职业病的范围日趋扩大。随着科学技术进步和国家经济实力的提高,越来越多的职业病将被发现,所以职业病分类和目录将被逐步调整。

(2)职业病分类

2024年12月11日,国家卫生健康委、人力资源社会保障部、国家疾控局、全国总工会联合调整《职业病分类和目录》,自2025年8月1日起实施。新版目录将职业病分为12类135种,具体包括:职业性尘肺病及其他呼吸系统疾病(尘肺病13种,其他呼吸系统疾病6种),职业性皮肤病(9种),职业性眼病(3种),职业性耳鼻喉口腔疾病(4种),职业性化学中毒(59种),物理因素所致职业病(7种),职业性放射性疾病(13种),职业性传染病(5种),职业性肿瘤(11种),职业性肌肉骨骼疾病(2种),职业性精神和行为障碍(1种),其他职业病(2种)。

18. 职业病危害因素

（1）职业病危害因素的来源

1）生产工艺过程。职业病危害因素随着生产技术、机器设备、使用材料和工艺流程变化不同而变化，如与生产过程有关的原材料、工业毒物、粉尘、噪声、振动、高温、辐射及传染性因素等有关。

2）劳动过程。职业病危害因素与生产工艺的劳动组织情况、生产设备布局、生产制度与作业人员体位和方式以及智能化的程度有关。

3）作业环境。职业病危害因素与作业场所的环境有关，如室外不良气象条件以及室内由于厂房狭小、车间位置不合理、照明不良与通风不畅等因素的影响都会对作业人员产生不利影响。

（2）职业病危害因素分类

2015年，国家卫生计生委、国家安全监管总局、人力资源社会保障部和全国总工会联合发布的《职业病危害因素分类目录》将职业病危害因素分为六大类，包括粉尘（共52种）、化学因素（共375种）、物理因素（共15种）、放射性因素（共8种）、生物因素（共6种）、其他因素（共3种），具体内容可查阅该目录。

19. 职业健康监护

（1）职业健康监护概念

职业健康监护属于二级预防范畴，目的是通过早期检查、早期发现疾病，及时采取预防措施。职业健康监护的定义为：以预防为目的,根据劳动者的职业接触史,通过定期或不定期的医学健康检查和健康相关资料的收集,连续性地监测劳动者的健康状况,分析劳动者健康变化与所接触的职业病危害因素的关系,并及时地将健康检查和资料分析结果报告给用人单位和劳动者本人,以便及时采取干预措施,保护劳动者健康。职业健康监护主要包括职业健康检查、离岗后健康检查、应急健康检查和职业健康监护档案管理等内容。

(2)职业健康监护的目的

1)早期发现职业病、职业健康损害和职业禁忌证。

2)跟踪观察职业病及职业健康损害的发生、发展规律及分布情况。

3)评价职业健康损害与作业环境中职业病危害因素的关系及危害程度。

4)识别新的职业病危害因素和高危人群。

5)进行目标干预,包括改善作业环境条件,改革生产工艺,采用有效的防护设施和个人防护用品,对职业病病人及疑似职业病和有职业禁忌证人员的处理与安置等。

6)评价预防和干预措施的效果。

7)为制定或修订卫生政策和职业病防治对策服务。

(3)职业健康检查

职业健康检查包括上岗前、在岗期间、离岗时职业健康检查。

1)上岗前职业健康检查。上岗前健康检查的主要目的是发现有无职业禁忌证,建立接触职业病危害因素人员的基础健康档案。上岗前健康检查均为强制性职业健康检查,应在开始从事有害作业前完成。下列人员应进行上岗前健康检查:①拟从事接触职业病危害因素作业的新录用人员，包括转岗到该种作业岗位的人员。②拟从事有特殊健康要求作业（如高处作业、电工作业、职业机动车驾驶作业等）。

2）在岗期间职业健康检查。长期从事规定的需要开展健康监护的职业病危害因素作业的劳动者，应进行在岗期间的定期健康检查。定期健康检查的主要目的是尽早发现职业病病人、疑似职业病病人或劳动者的其他健康异常改变；及时发现有职业禁忌证的劳动者；通过动态观察劳动者群体健康变化，评价工作场所职业病危害因素的控制效果。定期健康检查的周期根据不同职业病危害因素的性质、工作场所有害因素的浓度或强度、目标疾病的潜伏期和防护措施等因素决定。

3）离岗时职业健康检查。劳动者在准备调离或脱离所从事的职业病危害的作业或岗位前，应进行离岗时健康检查，主要目的是确定其在停止接触职业病危害因素时的健康状况。如最后一次在岗期间的健康检查是在离岗前的90日内，可视为离岗时检查。

（4）离岗后健康检查

一些职业病危害因素具有慢性健康影响，所致职业病或职业肿瘤常有较长的潜伏期或潜隐期，故劳动者脱离接触后仍有可能发生职业病。离岗后健康检查时间的长短应根据有害因素致病的流行病学及临床特点、劳动者从事该作业的时间长短、工作场所有害因素的浓度等因素综合考虑确定。

（5）应急健康检查

当发生急性职业病危害事故时，根据事故处理的要求，对遭受或者可能遭受急性职业病危害的劳动者，应及时组织健康检查。依据检查结果和现场劳动卫生学调查，确定危害因素，为急救和治疗提供依据,控制职业病危害的继续蔓延和发展。应急健康检查应在事故发生后立即开始。

从事可能产生职业性传染病作业的劳动者,在疫情流行期或近期密切接触传染源者,应及时开展应急健康检查,随时监测疫情动态。

相关链接

职业病的"三级预防"的内容如下:

一级预防又称病因预防,是从根本上消除或控制职业病危害因素对人的作用和损害,即改进生产工艺和生产设备,合理利用防护设施及个人防护用品等,以减少或消除劳动者接触职业病危害因素的机会。

二级预防是早期检测和诊断人体受到职业病危害因素所致的

健康损害并予以早期治疗、干预。其主要手段是定期进行职业病危害因素的识别与检测、对劳动者进行定期职业健康检查、加强新型生物监测指标的应用以及推进职业病的诊断和鉴定等，以早期发现病损和诊断疾病，特别是早期健康损害的发现，及时预防、处理。

三级预防是指在劳动者患职业病以后，给予积极治疗和促进康复的措施，包括：对已有健康损害的接触者应调离原有工作岗位，并给予合理的治疗；对生产环境和工艺过程进行改进；促进患者康复，预防并发症的发生和发展。

第3章 交通运输安全基础知识

20. 道路交通事故的主要伤害类型

（1）撞击伤

车辆或其他钝性物体与人体相撞导致的损伤，多为钝性损伤和闭合性损伤。

（2）跌落伤

因交通事故导致人体从高处坠落造成的损伤，可造成多处骨折和脊柱损伤。

（3）碾压伤

由于车辆轮胎碾压、挤压人体造成的伤害，轻者仅有软组织伤，重者则可导致严重的组织撕脱、骨折、肢体离断等损伤。

（4）切割刺入伤

在交通事故中，由于锐利的物体对人体组织的切割或刺入造成的损伤，可能造成内脏、血管、神经的损伤。

（5）挤压伤

人体肌肉丰富的部位，在受到重物挤压一段时间后，会导致筋膜间隙内肌肉缺血、变性、坏死，组织间隙出血、水肿，筋膜腔内压力升高，造成以肌肉坏死为主的软组织损伤。

（6）挥鞭伤

车内人员在撞车或者紧急刹车时，因颈部过度后伸或过度前屈产生的损伤，易造成脊椎的脱位，尤其是颈椎和脊髓的损伤。

（7）烧伤

在交通事故中，由于热、电、危险化学品等因素对人体造成的损伤。车辆燃烧产生的有毒烟雾还可造成中毒。

（8）爆炸伤

因车辆起火爆炸引发的对人体的损伤，主要是冲击波和继发投射物造成的损伤。

（9）溺水

由于车辆坠落到河水里、池塘里、湖里，车内人员落水造成的淹溺伤亡。

21. 交通运输方式的分类

（1）轨道交通与运输的分类

1）按运输能力分类。线路运输能力是指每小时单向的断面最大的乘客通过量，按照运输能力大小，轨道交通可分为高运量轨道交通、中运量轨道交通、低运量轨道交通。高运量轨道交通要求高峰小时单向运输能力达到3万人以上，中运量轨道交通要求高峰小时单向运输能力达到1.5万~3万人，低运量轨道交通要求高峰小时单向运输能力达到0.5万~1.5万人。

2）按敷设方式分类。根据不同的敷设方式，轨道交通可分为隧道、高架和地面三种形式。高运量轨道交通在较为繁忙的地区多采用隧道和高架形式，在城际、市郊可采用全封闭的地面形式；中运量轨道交通可兼有三种敷设形式，且通常不与机动车混行；低运量轨道交通一般采用地面形式，可与机动车混行。

3）按路权分类。路权是指轨道交通系统运行线路与其他交通的兼容程度。根据路权，轨道交通可分为独立路权、半独立路权和共有路权三种基本形式。独立路权的轨道交通系统与其他交通完全隔离，不受平交道路与人、车的干扰，一般用于高运量轨道交通系统及运输能力在每小时1.6万人次以上的中运量轨道交通系统；半独立路权的轨道交通系统沿行车路线采用缘石、隔离栅等措施与其他交通实体隔离，但在交叉路口仍与横向的人、车平交混行，受信号系统控制，一般用于运输能力在每小时1.6万人次以下的中运量轨道交通系统；共有路权的轨道交通系统即地面混合交通，不具有实体分割，轨道交通与其他交通混合出行，在路口按照规定通行。

（2）水路运输系统的分类

1）水路运输按航行区域可分为远洋运输、沿海运输和内河运输。远洋运输是指除沿海运输以外所有的海上运输；沿海运输是指利用船舶在沿海区域各地之间的运输；内河运输是指利用船舶、排筏和其他浮运工具,在江、河、湖泊、水库及人工水道从事的运输。

2)水路运输按运输对象可分为旅客运输和货物运输。旅客运输涵盖单一客运(含旅游)以及客货兼运两种模式。货物运输包括散货运输、杂货运输和集装箱运输。其中,散货运输是指无包装的大宗货物,如石油、煤矿、矿砂等的运输;杂货运输是指批量小、件数多或较零星的货物运输;集装箱运输是现在国际货物往来的主要运输方式。

3)水路运输按贸易种类可分为外贸运输和内贸运输。外贸运输是指同其他国家和地区之间的贸易运输;内贸运输是指国家内部各地区之间的贸易运输。

4)水路运输按船舶运营组织形式可分为定期船运输、不定期船运输和专用船运输。定期船运输是指选配符合相应营运条件的船舶,在规定航线上,定期停靠若干固定港口的运输;不定期船运输是指船舶的运行按照运输任务或者按租船合同组织运输;专用船运输是指企业自置或租赁船舶从事本企业自有物资的运输。

22. 交通工具上的安全装置

(1)汽车上的安全装置

1)安全气囊。安全气囊是每辆汽车所必备的安全装置,当汽车受到冲撞的时候,它会自动弹出,为驾驶人员以及乘客提供防护,可使车内人员的头部受伤概率降低25%,面部受伤概率降低80%。

2)制动防抱死系统(ABS)。该系统常见于各种类型的汽车上,其作用是在汽车制动的时候能保证其方向的稳定性,防止产生侧滑跑偏的情况。

第3章 交通运输安全基础知识

3）车身电子稳定系统（ESP）。该系统可以控制汽车在紧急变线时的车身稳定性，从而在一定程度上防止汽车失控事故的发生，对于汽车来说是非常重要的主动安全装置。

4）安全带。安全带是为了在汽车碰撞时对车内人员进行约束以及避免车内人员与方向盘、仪表板等发生二次碰撞，或避免碰撞时车内人员冲出车外导致死伤的安全装置。安全带是公认的性价比最高、最有效的安全装置。

5）儿童安全座椅。儿童安全座椅是一种专为不同体重（或年龄段）的儿童设计，将儿童束缚在其中，能有效保障儿童乘车安全的座椅。在汽车碰撞或突然减速的情况下，该座椅可以减少对儿童的冲压力，并限制儿童的身体移动，从而减轻对他们的伤害。

（2）船舶上的安全装置

船舶上的安全装置分为消防装置和逃生装置两大类。

1）消防装置。

①干粉灭火器。干粉灭火器适用于扑救各种易燃、可燃液体（气体）火灾，以及电气设备火灾。

②黄沙箱。黄沙箱内部装有黄沙，主要是通过沙子覆盖进行灭火，适用于电气火灾、油类火灾、危险化学品火灾。

③消防栓和消防水带。消防栓是一种固定消防工具，船上消防栓直接连接消防水带、水枪出水灭火。

④消防桶。消防桶在扑救火灾时用来盛装黄沙或水。消防桶是一个半圆桶的构造，既方便地面取水灭火，又可以在扑救火灾时有效地散开桶内黄沙，增大扑灭火的面积。

⑤太平斧。太平斧是在逃生时用来砍除障碍物的,它能够轻松地砍开木门、薄铁门等。太平斧的质地比其他斧头坚硬且韧性较好,多摆放在公共场所的明显位置,同其他消防设施摆放在一起。

2)逃生装置。

①救生圈。救生圈是一种水上救生设备,外表颜色为橙红色,表面无凹凸、开裂,沿着周长四个相等间距位置环绕贴有宽50毫米的逆向反光带。救生圈可配有可浮救生索、自亮浮灯等设备。

②救生衣。救生衣的设计类似背心,穿在身上可提供足够浮力,使落水者头部能露出水面,是船、飞机上的重要救生设备之一。救生衣配有一枚救生哨子和一枚小型自亮浮灯,两肩头处装有反光带。

③救生艇。救生艇主要配备在远洋货轮、大型船舶上,一般在生活区两侧各配一只,如果生活区位于船尾,则在船尾配备一只。救生艇的规格是根据船舶配员来确定的,根据《国际海上人命安全公约》,救生艇必须满足全部在船人员的载员要求,包括淡水、食品、座位等。

(3)飞机上的安全装置

1)氧气面罩。氧气面罩是为飞机乘客提供氧气的应急救生装置,每个乘客的座位上方都有一个,如果遇到座舱失压的情况,就会自动弹出落到乘客面前。乘客应注意学习乘务员的示范动作,在需要时能及时戴上氧气面罩,维持正常呼吸。

2)航空救生衣。飞机上每个乘客的座位下都备有一件航空救生衣,乘客应根据乘务员的示范和介绍熟悉如何正确使用,以便在紧急情况下能够迅速穿上并在适当的时候充气。

3)应急滑梯。应急滑梯是飞机的救生设施之一,主要用于飞机在紧急情况下疏散乘客，使乘客及机组成员在极短的时间内，从飞机上撤离到地面并且尽可能减少人员受到的伤害。

4）航空安全带。航空安全带是为了在飞机遭到碰撞时对乘客进行约束以及避免碰撞时乘客与座椅或飞机等发生二次碰撞，或避免碰撞时乘客冲出座椅外导致伤亡的安全装置。

5）灭火器。飞机上通常配备海伦灭火器和干粉灭火器，海伦灭火器适用于各种类型的火情，干粉灭火器仅适用于货舱火灾的处置。

6）其他安全装置。除上述装置外，飞机上一般还会配备手提式氧气瓶、卫生防疫包、应急医疗箱、急救箱等应急设备，由乘务员管理。

23. 安全带的正确使用方法

（1）汽车安全带使用方法

1）调整座椅，使身体能够坐直。

2）抓住安全带头部的锁舌，沿着身体往下拉安全带，注意不要拉得太快。

3）将锁舌扣到搭扣中，直到听到"咔嗒"声响。往上拽一拽锁舌，检查是否锁住。检查搭扣上松开按钮的位置，这个按钮必须能够方便触及，以便发生意外时能够及时解开安全带。

4）腰部安全带应系得尽可能低一些，紧贴在髋骨的下部，与股骨部位正好接触上，不要系在腰部。

5）肩部安全带应当系在肩部，跨过胸腔，不能放在胳膊下面。安全带系好后不能太松也不能太紧，留有两根手指的余量比较合适，既能保障安全也不会太难受。

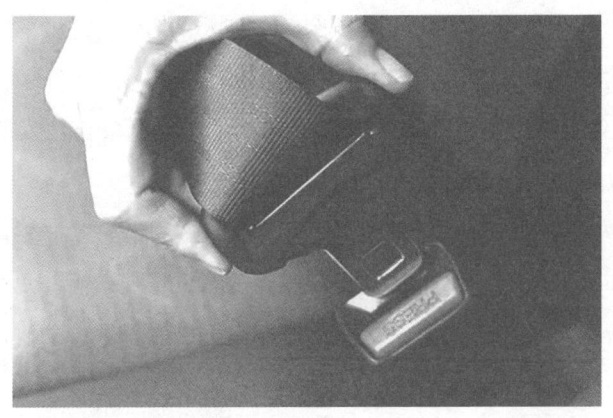

（2）航空安全带使用方法

1）乘客进入客舱坐在座椅上以后，用两手从座位两边拿起安全带，将锁舌顺沟槽和孔插入锁扣。

2）一只手按住锁扣，一只手拉住织带，直到拉紧为止，不要留下间隙。

3）扣好之后可以动动上身和臀部，使其紧靠椅背，拉好安全带，使其系紧。

4）座椅上无人时，要将安全带摆放好，以免紧急制动时锁舌撞击其他物体。

5）不要让座椅背过于向后倾斜，否则会影响使用效果。

24. 个人上下班交通工伤事故

《工伤保险条例》第十四条第（六）项规定，在上下班途中，受到非本人主要责任的交通事故或者城市轨道交通、客运轮渡、火车事故伤害的，应当认定为工伤。

2010年修订的《工伤保险条例》在扩大工伤认定范围的同时,对上下班途中事故的工伤认定作了适当限定。

1)交通事故是指《中华人民共和国道路交通安全法》所称的在道路上发生的车辆交通事故。

2)发生事故后,需经交通管理部门作出"非本人主要责任"的认定。如因无证驾驶、驾驶无证车辆、饮酒后驾驶车辆、闯红灯等交通违法行为造成自身伤害,交通管理部门出具属于本人主要责任证明的,就不能认定为工伤。

3)对"上下班途中"的理解,应作"合理时间"和"合理路线"的限定。"上下班途中"包括职工按正常工作时间上下班的途中,以及职工加班加点后上下班的途中。例如,按规定职工上午八点上班,职工在八点前来到单位的途中应视为上班途中。如果职工应该下午五点下班,但是由于单位安排加班,职工晚八点才从单位离开,那么职工在八点后从单位回到家的途中,则应视为下班途中。

案例解读

同属上班途中交通事故,能否都认定工伤?

某日,魏某在驾驶车辆上班的途中,与同属上班途中的郑某相撞,两人均当场受伤。交警部门认定魏某负全部责任。之后,社会保险行政部门认定魏某不属于工伤,郑某为工伤。魏某所在公司不服,向法院提起诉讼。

魏某所在公司认为,两人都是在上班途中发生交通事故,既然郑某能认定为工伤,魏某也应认定为工伤。社会保险行政部门认为,郑某是在上班途中受到非本人主要责任的交通事故,符合认定工伤的情形，应认定为工伤。魏某虽然也是在上班途中发生交通事故，但魏某负全部责任，不符合认定工伤的情形，不应认定为工伤。法院维持了社会保险行政部门的认定结论。综上可见，在上下班途中，只有受到非本人主要责任的交通事故才能认定工伤。

第4章 道路与轨道交通工伤预防

25. 道路交通事故的类型与原因

（1）道路交通事故的类型

常见的道路交通事故可以分为碰撞、碾压、刮蹭、翻车、坠车、爆炸和失火等。

1）碰撞。碰撞主要发生在机动车与机动车、机动车与非机动车、机动车与行人、非机动车与非机动车、非机动车与行人以及车辆与其他物体之间。根据碰撞时的运动情况，机动车与机动车之间的碰撞可分为正面相撞、侧面相撞、追尾相撞、左转弯相撞和右转弯相撞等。

2）碾压。碾压一般是指机动车对非机动车或行人等的推碾或压过。

3）刮蹭。刮蹭一般是指机动车之间发生的接触，根据运动情况分为会车剐蹭和超车剐蹭。

4）翻车。翻车是指车辆在行驶中因受侧向力的作用，使一部分或全部车轮悬空，车身着地的事故。翻车一般分为侧翻和大翻两种：两个车轮离开地面的称为侧翻，四个车轮均离开地面的称为大翻。

5）坠车。车辆驶出路外，整体脱离地面，落到与路面有一定高度差的地方，如车辆坠入桥下、山涧等事故。

6）爆炸。这里的爆炸特指由于把爆炸物品带入车内，在行驶过程中因为振动等原因引起爆炸所造成的事故。

7）失火。失火是指车辆在行驶过程中，发生车辆燃烧的事故。引起失火的原因既包括人为原因，如吸烟、明火、违反操作规程等，也包括车辆原因，如发动机回火、排气歧管或排气管过热、电路系统漏电等。

（2）道路交通事故的原因

1）人为因素。

①酒后驾车。当酒精在驾驶人员脑神经系统内达到一定浓度时，会对中枢神经系统产生抑制作用，使其对道路环境信息的反应速度明显下降、反应时间延长，容易导致判断失误、操作不当，从而危及行车安全。

②违法超车。违法超车是指驾驶人员在禁止超车的路段或者在没有安全超车条件的路段强行超车的驾驶行为。违法超车一般表现为强行超车、右侧超车等情形。

③超速行驶。应严格按照交通标志规定的速度行驶，超过该路段限定速度行驶就是超速行驶。

第4章　道路与轨道交通工伤预防

④超载超限行驶。超载是指车辆运载的货物质量或人数超过行驶证上的核定质量或人数，超限是指车辆的轴载质量、车货总质量或装载总尺寸超过国家规定的限制。

⑤疲劳驾驶。驾驶人员在睡眠不足或睡眠质量差的情况下，若长时间驾驶车辆，身体就很容易出现疲劳。疲劳会影响驾驶人员的感觉、知觉、思维、判断、意志、决策和运动等方面的能力。疲劳后继续驾驶车辆，会感到困倦瞌睡、四肢无力、注意力不集中、判断能力下降，出现动作迟缓或过早的现象，极易发生道路交通事故。

⑥其他影响。驾驶人员对交通工具的有效控制，除取决于自身因素以外，还受其他交通参与者、道路以及道路控制设备的影响。

2）环境因素。

①阴雨天气。阴雨天气尤其是大到暴雨天气，环境阴暗，能见度

差，道路湿滑，会对行车安全造成不利影响：一方面，驾驶人员视野不开阔，视线不清，对前方人、车、物和道路状况无法做出正确判断；另一方面，由于道路湿滑，车轮与路面间的摩擦系数减小，制动能力下降，机动车在行驶中遇转弯或紧急情况采取制动措施时容易发生侧滑、跑偏或甩尾现象。除此以外，大雨天气还容易发生山体塌方、滑坡和道路塌陷等问题，威胁行车安全。

②降雪天气。遇到降雪天气时，积雪经常会出现冰冻现象，使路面湿滑坚硬，车辆行驶时车轮与路面间的摩擦系数减小，车轮与路面的附着力随之减小，刹车制动能力下降，机动车在行驶中遇转弯或紧急情况时，容易直接引起车辆侧翻、追尾相撞甚至连环相撞事故。大雪天气还会使路面原有的凹坑、坑洼路段等危险点不易被发现，影响行车安全。

③大风天气。大风天气（如台风）会使车辆行驶阻力增大，导致车辆负载增加，影响行车稳定性。在超车过程中，当高速行驶的车辆在超越前方大型车辆时，两车之间容易形成气体对流对车辆产生干扰，影响车辆行驶的稳定性而造成交通事故。

④沙尘暴天气。在沙尘暴天气下，一方面，道路能见度低，驾驶人员的视线不清，车辆行驶阻力增大，影响行驶的稳定性；另一方面，在这种天气条件下，人们易心理恐慌，四处逃避躲藏，导致交通秩序混乱而引发交通事故。

⑤大雾天气。由于大雾笼罩，行车能见度差，驾驶人员视野不清，不利于对前方道路状况和交通环境进行正确观察、掌握和判断，车辆在行驶中容易发生追尾碰撞或正面碰撞事故。

⑥高温天气。高温天气对道路交通安全的影响表现在：驾驶人员

容易疲劳瞌睡；沥青路面由于高温暴晒变软变滑，使车轮与路面间的摩擦系数降低，车辆制动能力下降；在高温条件下高速行驶时，容易发生爆胎事故。另外，由于高温高压作用，还会引起机动车发动机"开锅"、润滑系统工作不良、机件受损等机械故障。

⑦低温天气。机动车在低温条件下行驶时，除因道路积雪、结冰影响行车安全外，往往还会由于驾驶室内外温差过大，室内空气中的水分凝结于汽车挡风玻璃上形成一层水雾，使挡风玻璃透明度降低，导致驾驶人员视线不清，影响对前方道路状况和人、车、物的正确判断。另外，低温会导致润滑系统阻力增大、启动困难、行驶途中熄火后难以启动等车辆故障。

3）道路因素。

①道路线形。道路线形是指道路在空间的几何形状和尺寸，简称路线。

②路面强度。路面是指用各种筑路材料铺筑在道路路基上直接承受车辆荷载的层状构造物。为使路面能承受车辆载重、抵抗车轮磨耗，路面要有足够的强度，以抵抗车辆对路面的破坏或预防路面产生过大的形变。

③路面稳定性。路面应具有较高的稳定性，使路面强度在使用期内不会因水文、温度等自然因素的影响而产生过大的变化。

④路面平整度。路面要有一定的平整度，以减小车轮对路面的冲击力，保证车辆安全舒适地行驶。

⑤路面抗滑性。路面要有适当的抗滑能力，避免车辆在路面上行驶、起动和制动时发生侧滑、溜车危险。

⑥路肩。路肩是指位于车行道外缘至路基边缘，具有一定宽度的

带状部分（包括硬路肩与土路肩），为保持车行道的功能和临时停车使用，并作为路面的横向支承。

26. 道路高危路段的预防措施

（1）十字路口的预防措施

1）优化标志标线设置。在十字路口，应布置清晰的车道划分标线、减速标志和人行横道标志，并在关键位置增加减速带和"注意行人""减速慢行"等醒目的警示标牌。标志、标线要定期维护，确保驾驶人员和行人能够清楚辨识。

2）加强视野优化和遮挡清理。清理路口周边的广告牌、树木等可能遮挡驾驶人员视线的障碍物，特别是对人行横道和转弯区域的可视范围进行优化，确保驾驶人员可以提前观察到行人和其他车辆的动态，避免因视线受限导致工伤事故。

3）设置行人安全护栏。在路口人行横道两侧设置防护栏，防止行人随意横穿马路，同时引导行人按规定路线通过十字路口。对未设置护栏的路口，可增设临时隔离设施以强化行人通行管理。

4）安排交通引导员高峰值守。在上下班高峰期或交通繁忙时段，安排专业的交通引导员进行人工指挥，疏导车辆和行人，特别是在信号灯转换期间，确保人车分流，有效减少因混乱引发的工伤事故。

5）规范交通信号设置和管理。在十字路口，必须确保交通信号灯正常运行，设置倒计时功能，并安装专用的左转灯和人行横道信号灯，避免车辆和行人的通行冲突。对信号灯的故障应及时维修，防止因信号缺失导致交通混乱和工伤事故的发生。

第4章 道路与轨道交通工伤预防

（2）高速公路的预防措施

1）合理设置限速标志并严格管控车速。在高速公路上，应根据路段的实际情况设置合理的限速标志，提醒驾驶人员保持适当的行车速度；严禁超速行驶，尤其是在视线受限或道路施工区域。应通过动态监控或测速设备加强限速管控，减少因车速过快导致的工伤风险。

2）确保紧急停车带畅通无阻。高速公路的紧急停车带应保持清洁和畅通，避免因占用或堵塞而影响车辆避险和救援操作。在紧急停车带附近增设醒目的标志，引导驾驶人员正确使用紧急停车带，减少因不当使用而引发的危险。

3）加强施工区域的安全管理。在高速公路施工区域，应设置清晰的警示标志、反光路标以及夜间警示灯，确保施工人员和过往车辆能够清楚辨识。同时应通过防护栏将施工区域与车道隔离，确保施工人员在安全范围内作业，降低工伤风险。

4）动态发布路况信息提醒。通过电子显示屏等设备，实时发布前方路况信息，包括天气变化、道路障碍和事故提示，引导驾驶人员提前减速或变更车道。尤其在恶劣天气条件下，及时提醒驾驶人员注意路面湿滑或能见度低，采取防滑和减速措施，避免事故发生。

5）设置防撞设施保护施工人员安全。在施工区域附近或事故高发路段，应安装防撞桶、吸能护栏等设施，以降低车辆碰撞对施工人员和设备造成的冲击。防撞设施应定期检查和更换，确保其始终处于良好状态。

（3）弯道、桥梁及隧道的防护措施

1）弯道防护措施。在弯道处，应禁止车辆以过高车速驶入，驾驶人员应根据限速标志提前减速慢行，保持车辆稳定控制。弯道区域应设置清晰的减速标志和警示牌，并在关键位置安装凸面镜，以帮助驾驶人员观察对向来车，避免因视线盲区导致事故。同时，应铺设防滑路面材料，减少湿滑路面引发的车辆打滑或侧翻风险，并增设防护栏，避免车辆冲出弯道造成二次伤害。

2）桥梁防护措施。在桥梁上行驶时，应保持适当车距，禁止超载行驶，遵守限速和限载规定。桥梁两侧需配备牢固的防护栏，以防车辆失控冲出桥面。此外，桥梁需要定期进行安全检查，及时修复可能存在的裂缝、老化或其他结构性问题。遇到恶劣天气，应设置临时限行措施，并提醒驾驶人员注意防滑、防风。施工时，施工人员必须在明确隔离的作业区域内作业，穿反光衣、佩戴安全帽等，以防发生坠桥或交通事故。

3）隧道防护措施。在隧道内行驶时，应保持稳定的速度，避免急刹或急加速。隧道入口处需设置限速标志和高度限制，防止过高或超宽车辆进入。隧道内照明设施需保持充足，确保驾驶人员视野清晰，同时安装通风系统，以保证隧道内空气流通并避免有毒气体积聚。隧道墙壁应安装反光标识，标明行车方向及应急出口位置，便于紧急情况下快速疏散。施工期间，应划定明确的施工区域，封闭施工段，应配备临时警示灯及标志，并安排专人指挥交通，保障施工人员和过往车辆的安全。

27. 车辆运行事故与异常状态的预防措施

（1）超车事故的预防措施

1）禁止强行超车。在前车因故而未让速、让道的情况下，不得强行超车；当前车前方没有足够的安全距离时，不能强行挤插；不得强行挤靠被超车辆迫其让行。

2）超车时，要保持平缓的超车路线。超车前提前并入左侧车道（或超车道），超车后推迟返回右侧车道，使行驶轨迹与前车基本保持平行。

3）超车前、超车中、超车后都应始终注意与被超车辆保持适当的安全距离。要注意防止：超车前，被超车紧急制动；超车中，被超车向左挤靠；超车后，被超车尾随过近。

4）在超车过程中，发现左侧有障碍物，且横向间距过小而可能发生剐蹭时，应迅速减速，停止超车，待机再超；要慎用行车制动，防止侧滑。

5）需超车时，应注意观察前、后车动态，同时打开左转向灯，确认安全后,再缓慢向左转动方向盘,使车辆平顺地驶入超车道。完成超车后,打开右转向灯,待被超车辆全部进入后视镜后,再平顺地操作方向盘进入右侧车道,关闭转向灯。严禁在超车过程中急转方向。

(2)追尾事故的预防措施

1)顺应交通流的速度。在流畅的车道上行驶时,应顺应车流速度前进,尽量不穿插变道,以确保交通安全顺畅。

2)保持与车速相适应的车距。在车辆密集的车流中行车,必须与前车保持与车流车速相适应的车距。车距过大会影响道路通行能力,车距过小容易引发追尾事故。

3)注意观察前面车辆的动态。如果前面车辆制动灯亮起,驾驶人员应该把右脚放在制动踏板上随时准备制动。

4)尽量避免紧随大车之后。若前面是大型汽车,应尽量拉大与前车的距离,向左侧(或右侧)与大型车纵轴线错开适当距离,以便观察前方交通动态。在市区内,电车、公共汽车见站就停,跟随这些车辆行驶时,应保持较大车距。

5)防止起步熄火或后溜。在拥挤的交通流里行车,经常走走停停,长时间缓慢跟随前车行驶。若是在起步时,又发生熄火或后溜,不但使驾驶人员本人心情紧张,易出现操作失误而后溜撞向后车,也容易使后面尾随车辆驾驶人员产生烦躁情绪而做出过失行为,发生危险。

(3)汽车爆胎的预防措施

车辆在高速行驶中,一旦发生爆胎事故将会给驾驶人员和乘客带来极大危险。爆胎的主要原因往往是充气过足或不足,轮胎有裂纹、脱皮和其他损伤，或者因路况不好，轮胎碰到尖硬的物体等意外情况。为预防汽车爆胎，应注意以下几点。

1）平时注意轮胎保养，经常检查轮胎可以起到消除隐患的作用。平时要检查轮胎是否达到磨耗标志（花纹沟深度）警示线，正常使用的轮胎磨耗到此标志应及时更换。

2）至少每两个月检查一次胎压，若发现气压不足应查找漏气的原因。

3）经常检查轮胎是否有损伤，如是否有扎钉、割伤，发现损伤的轮胎应及时修补或更换。

4）两个前轮的轮胎一旦修补过，应及时调整到后轮使用，确保两个前轮没有任何隐患。

5）及时剔除花纹沟中的石子，以免导致轮胎变形。

6）应避免轮胎接触油类和化学物品，以免对轮胎橡胶造成腐蚀。

7）定期对车辆进行四轮定位检查，如发现定位不良，则要及时校正，否则会造成轮胎不规则磨损，影响轮胎的使用寿命。

28. 极端天气安全行车注意事项

（1）暴雨天气安全行车的注意事项

1）低速行驶，保持视线清晰。雨天行车容易打滑，驾驶人员一定要减速慢行。在雨天不开窗的情况下，车内与车外温差明显，会在车玻璃上产生水雾，影响视线。这时应打开空调冷风，减少车玻璃上的水雾，保证视线清晰。如遇暴雨不要随意使用远光灯，因为一般的远光灯会在雨水中反光，严重影响视线。

2）观察积水，确认安全后通过。在路上要尽量绕开积水路面，以免车辆误入深坑、水渠等而导致抛锚或车胎被扎破。如果必须在涉水路面行驶，一定要保持低速，尤其是当水面高度高于排气管高度时，需格外小心。在这种情况下行驶时，一定注意与前车保持合适的安全距离。

3）车内人员被困后应保持冷静，寻机逃生。城市暴雨天气下，桥下和低洼路段经常会形成很深的积水，容易导致车辆抛锚被困，这时需要车内人员弃车逃生以保安全。发生车辆入水情况时，如果车辆尚未完全进入水中，应及时离开车辆，必要时可打开天窗或破窗逃生。

4）驾车过程中，除应注意路上行人、自行车及其他车辆等的动向外，还应注意路旁的电线杆、电线、树木等，防止其被风刮倒而影响行车。

5）驾车过程中，对前方的涵洞、桥梁、排水沟等都应做好充分预估，必要时下车观察，切勿盲目行车。

6）上下坡时，应观察好路面情况，防止行至中途发生车轮打滑而造成车辆横移。

7）在连续多雨季节，从安全角度考虑，可采用排水力强的轮胎，且避免因胎压过低导致与地面接触的胎纹挤成一团，从而削弱排水效果。

8）遇到大暴雨或特大暴雨，能见度很低，雨刮器的作用不能满足要求时，为了安全起见，不要冒险行驶，应选择安全地点停车，并打开示廓灯，待雨量减小或雨停后再继续行驶。

（2）多雾天气安全行车的注意事项

1）遵守交通规则限速行驶，千万不可开快车。雾越大，可视距离越短，此时开快车极容易发生交通事故。大雾天气严禁超车和抢行，以免发生意外。

2）在大雾中，可以尽量利用剩余的视距，看着路中间的分道线行驶，但注意不要压线行驶，否则在对向会车时很容易发生危险。最好不要沿着路边行驶，避免撞到在路边临时停车、等待雾散的人。

3）不要开"冒险车"。根据当时的能见度，判断是否开车上路。如果能见度很低，最好不要出车；如果正在路上，可以在确保安全的位置临时停车，等雾散去再继续行驶，此时应当打开雾灯等警示装置。

4）谨慎制动。在气温低、湿度大的时候，路面极易形成薄霜，此时应避免紧急制动，以防侧滑发生事故。

5）勿用远光灯。远光灯的作用是大面积照射，容易在雾里造成散射,在驾驶人员眼前形成散射光团,使驾驶人员感觉一片雪白,反而看不清前方。

6)检查车况。雾天水汽很容易凝结在挡风玻璃表面,造成视线模糊。出车时应将挡风玻璃上的水雾擦干净,同时检查车辆的安全状况,特别是制动、灯光(如雾灯、示廓灯)和雨刮器等。在雾中行驶时,要开启雾灯和示廓灯,减速慢行。

7)勤鸣喇叭。雾天行车时应经常鸣喇叭来警示行人和车辆,听到其他车的喇叭声时,应鸣喇叭回应,使双方能互相确认对方车辆位置。

8)雾天尽量不要超车,发现前方车辆靠右边停驶时,不可盲目超车,要考虑到此车是否在让行对面来车;超越路边停放的车辆时,要在确认其没有起步的意图且对面又无来车后,鸣喇叭,从左侧低速绕过。

9）雾天行车时，因雾气易在挡风玻璃外形成小水珠而影响视线，可间歇使用雨刮器，把挡风玻璃上因雾气凝成的小水珠刮干净，以改善视野。

10）冬天浓雾会使路面上形成薄霜或薄冰，极易产生侧滑，切不可急打方向盘、猛踏或快速松制动踏板，以防侧滑。

29. 车辆与行驶安全的规范管理

（1）机动车临时停车安全规定

1）在设有禁停标志、标线的路段，在机动车道与非机动车道、人行道之间设有隔离设施的路段以及人行横道、施工等路段，不得停车。

2）交叉路口、铁路道口、急弯路、宽度不足 4 米的窄路、桥梁、陡坡、隧道以及距离上述地点 50 米以内的路段，不得停车。

3）公共汽车站、急救站、加油站、消防栓或者消防救援队门前以及距离上述地点 30 米以内的路段，除使用上述设施的情况外，不得停车。

4）车辆停稳前不得开车门和上下人员，开关车门不得妨碍其他车辆和行人通行。

5）路边停车应当紧靠道路右侧，机动车驾驶人员不得离车，上下人员或者装卸物品后，立即驶离。

6）公共汽车不得在站点以外的路段停车上下乘客。

（2）机动车载人安全规定

1）公路载客汽车不得超过核定的载客人数，但按照规定免票的儿童除外。在载客人数已满的情况下，按照规定免票的儿童不得超过核定载客人数的 10%。

2）载货汽车车厢不得载客。在城市道路上，货运机动车在留有安全位置的情况下，车厢内可以附载临时作业人员 1~5 人；载物高度超过车厢栏板时，货物上不得载人。

3）摩托车后座不得乘坐未满 12 周岁的未成年人，轻便摩托车不得载人。

（3）机动车载物安全规定

1）机动车载物不得超过机动车行驶证上核定的载质量，装载长度、宽度不得超出车厢。

2）重型、中型载货、半挂汽车载物高度从地面起不得超过 4 米，载运集装箱的车辆不得超过 4.2 米。

3）其他载货的机动车载物高度从地面起不得超过 2.5 米。

4）摩托车载物高度从地面起不得超过 1.5 米，长度不得超出车身 0.2 米。两轮摩托车载物宽度左右各不得超出车把 0.15 米，三轮摩托车载物宽度不得超过车身。

5）载客汽车除车身外部的行李架和内置的行李箱外，不得载货。载客汽车行李架载货，从车顶起高度不得超过 0.5 米，从地面起高度不得超过 4 米。

30. 轨道交通工伤风险

（1）列车冲突

列车、机车、车辆（包括轨道起重机，下同）、动车、重型轨道车相互之间或与设备设施（如车库、站台、车挡等）、轻型车辆发生冲撞，导致列车、机车、车辆、动车、重型轨道车破损。

（2）列车脱轨

机车、车辆的车轮落下轨面（包括脱轨后又自行复轨），或车轮轮缘顶部高于轨面（因作业需要的除外），导致车轮在列车运行时离开钢轨造成事故。

（3）列车火灾

列车起火造成机车、车辆破损（面积达到 5 米^2 及以上）而影响使用（失去基本功能），或发生货物、行包烧毁列车的特殊结构和空间形式。列车火灾具有燃烧速度快、多向蔓延的特点。列车运行途中的火灾有以下三种蔓延形式。

1）热对流。列车车门上方的排风装置在运行中每小时的排风量为 1 000 米^3，在供氧充足的条件下，会在火场冷热气流交汇中形成"穿堂效应"和"拔风效应"。当列车速度达到 90 千米/时，车窗上沿风力可达 9 级。如端门双开并有 1/2 的车窗开启，过道风力可达 7 级。借助风力，火势在很短的时间内就会形成难以控制的局面。

2）热传导。着火点高温可通过车辆金属部位纵横传导，引燃周边易燃物品。

3）热辐射。这是列车火灾中最直接、最常见的火灾蔓延形式，火焰随着起火点的扩大、燃烧物的增多而呈几何级数扩张。列车运行中燃烧速率极高，相关研究表明，列车火灾发生后，半分钟火焰可蹿至顶棚，2 分钟浓烟会充满列车整个内部空间，7 分钟车窗玻璃就会破碎，8 分钟近一半的车厢会被引燃，11~14 分钟车体将全面燃烧，18 分钟后列车会被全部烧毁。

（4）列车爆炸

由于爆炸造成机车、车辆设备损坏，墙板、车体会因爆炸而变形或出现孔洞。

（5）机破

机破是指机车在出库后的运行过程中发生机械或电气故障而被迫停车的一种非人为的事故。

（6）坡停

坡停是指机车在坡道上运行时，因发生故障而导致运行停止的事故。

（7）机车溜逸

机车溜逸是指本该处于静止状态的列车因为操作不当等原因发生

滑行的事故。

（8）列车追尾

列车追尾是指同车道行驶的列车尾随而行时，后车车头与前车车尾相撞的事故。列车追尾通常是由于列车跟进间距小于最小安全距离、驾驶人员反应迟缓或制动系统性能不良等原因造成的。

（9）挤道岔事故

列车运行时，没有确认道岔开程，由于道岔位置不正确，尖轨未能与基本轨密贴，车轮碾压时，会将尖轨与基本轨挤开。此时，道岔既不在定位，也不在反位，呈四开状态，极易导致列车出轨和倾覆。

（10）地铁迷流引发的事故

地铁迷流又称地铁杂散电流，主要是指采用直流供电牵引方式的地铁列车在地下铁道运行时，泄漏到道床及其周围土壤介质中的电流。地铁迷流会对地铁周围的埋地金属管道、通信电缆外皮以及车站和区间隧道主体结构中的钢筋发生电化学腐蚀，这种电化学腐蚀不仅会缩短金属管线的使用寿命，而且会降低建筑物钢筋混凝土主体结构的强度和耐久性，甚至会酿成灾难性事故。

31. 轨道交通事故的预防措施

（1）机车溜逸的预防措施

1）列车或机车在站内停车时，任何情况下，乘务员都必须坚守岗位，确保有人看守。

2）列车在站内停车时，必须实行制动保压停车，并且减压量在100千帕以上，以保证列车可靠制动，在出发信号未开放前，不得缓解列车和机车制动。

3)机车重联时,停车后各机车必须保持单阀全制动,开车前缓解。

4)停留车待挂时间较长,乘务员必须设置好铁鞋并实施单阀全制动,同时精力集中。

(2)铁路工作人员工伤事故预防措施

1)班前严禁饮酒,班中按规定着装,佩戴个人防护用品。

2)沿着线路行走时,应走两条线路中间,并注意邻线的机车、车辆和货物装载状态。严禁在道心、枕木上行走,不准脚踏钢轨面、道岔连接杆、尖轨等。

3)横越线路时,应"一站、二看、三通过",注意左右机车、车辆的动态及脚下是否有障碍物。

4）必须横越列车的线路时，应先确认列车暂时移动，然后从通过台或两辆车车钩上越过。勿碰开钩销，要注意邻线有无机车、车辆运行。严禁钻车。

5）不准在钢轨上、车底下，以及枕木、道心里坐卧或站立。

6）严禁扒乘机车、车辆，以车代步。

7）凡在运行中的机车、车辆上的作业人员，都要抓牢站稳。

32. 车辆与轨道交通的危险货物运输要求

（1）压缩气、液化气的汽车运输要求

1）出车前准备。清理车厢，确保无残留物。夏季应检查遮阳和降温设施，确保正常运行，为气瓶提供防护。

2）在运输过程中，若发现低温液化气设备损坏或泄漏，应站在上风处操作，打开放空阀泄压。紧急情况时，将车辆转移至安全地带，必要时向气瓶浇水降温，禁止擅自运输火场救出的气瓶。处理泄漏时拧紧阀门，采取防护措施，远离火源或转移至空旷地。气瓶温度超40 ℃时，应遮阳或喷淋降温。

3）装卸作业时，佩戴个人防护用品，确保瓶帽拧紧和阀门受保护，避免多人同时作业。气瓶直立或横向平放并妥善固定，避免滚动和超高。卸车需用缓冲垫，逐个卸载，禁止溜放或对人操作。有毒气体装卸需提前防护，漏气或报废气瓶远离驾驶室，禁止装载报废气瓶。

（2）易燃液体的汽车运输要求

1）出车前，应根据货物及其包装情况（如化学试剂、油漆等小包装），随车携带好遮盖和捆扎工具，并检查随车灭火器确保完好有效，车辆货厢内不得有与易燃液体性质相抵触的残留物。

2）运输过程中，装运车辆应远离明火和高温场所，行驶过程中保持平稳，避免货物因倾倒或碰撞引发泄漏、火灾或爆炸等事故，确保运输安全。

3）装卸易燃液体时，应严格遵守以下规范要求。

①作业环境要求。装卸现场需远离火源，禁止撞击、摩擦或拖拉货物；货物装车时桶口和箱盖应向上，堆放整齐并捆扎牢固，完成后需用网罩覆盖避免松动。

②钢桶操作规范。钢桶不得从高处翻滚或溜放卸车，防止撞击导致破损或泄漏，多层堆码时需用衬垫加固，并安排专人接应，确保安全。

③特殊货物处理。对低沸点或易聚合的易燃液体，如发现包装容器内有膨胀或鼓桶现象，应立即停止装车，严禁运输存在隐患的货物。

（3）爆炸品的运输、装卸要求

1）爆炸品运输需使用专用厢式货车，确保车厢无酸、碱、氧化性物质等残留物，避免化学反应。若车辆无避雷和防潮设施，雷雨天气应停止运输和装卸作业，防止雷击或潮湿引发事故。

2）运输时，必须严格按照公安部门核发的通行证在规定的时间和路线行驶，避免偏离路径。如遇火灾，尽量将爆炸品转移到安全区域或隔离，无法转移时应迅速疏散人员。施救时应佩戴防毒面具，禁止使用沙土或酸碱灭火剂，以防发生化学反应。

3）装卸爆炸品时，作业现场必须远离明火或高温环境，且禁止使用可能产生火花的工具或设备。车厢内装货的总高度不得超过1.5米，无外包装的金属桶应单层摆放，防止因压力过大或撞击摩擦引发爆炸。此外，爆炸品严禁与其他货物配装，同一场地内，不得同时装卸、装运雷管和炸药的车辆，以免造成混装隐患。

（4）危险货物运输人员管理与操作要求

1）运输危险货物的驾驶人员、专职押运人员和装卸管理人员必须持证上岗，确保具备相关专业知识和操作能力。所有从业人员应熟悉所运危险货物的特性，掌握包装容器的使用要求、防护措施及发生事故时的应急处理方案，并熟练使用消防器材，以便应对运输过程中可能出现的突发状况。

2）运输危险货物时，必须配备专职押运人员。专职押运人员需熟悉所运危险货物的特性，并对运输全过程进行监管，确保所运危险

货物的装载和运输符合安全要求。运输途中，驾驶人员和专职押运人员应定期检查所运危险货物的装载状态，若发现异常，应立即采取有效措施进行处理，防止危险扩大。

3）驾驶人员不得擅自更改运输作业计划，必须严格按照规定的路线和要求进行运输，以确保运输作业的安全和规范。这些从人员资质到操作规范的要求，全面保障了危险货物运输的安全性。

33. 交通运输火灾的综合防范与应对措施

（1）汽车火灾事故的预防

1）防止油料渗漏。汽车火灾事故大部分是油料燃烧引起的，如果油料没有渗漏现象，在一般条件下，不会发生火灾。驾驶人员要随时检查燃油供给系统和润滑油有无渗漏，若发现渗漏，要及时处理；润滑油的轻微渗油现象有时很难根除，因此要及时将渗出的油迹擦净。油箱盖和使用防冻液时的水箱盖要严密，加注油料和防冻液不可过满，以防溢出。此外，还要注意油箱的温度，如夏季日光暴晒、冬季靠近暖气等，都会使油箱过热，增加油料的挥发，挥发出来的油气则很容易引起火灾。油箱焊修时要将箱壁上黏附的残油洗净。在途中排除油路故障时，要注意渗漏的油不能被点燃，任何时候都不准用汽油擦洗汽车发动机。

2）隔绝火源。火源是指能够点燃油料或其他易燃品的火花、火种与炽热体，针对汽车防火而言，主要有以下几个方面。

①人为火源。如点燃的油灯、火柴、打火机、喷灯、车库的炉火、照明灯、点燃的烟等火源都会引起汽车火灾，特别是在油箱口附

近或汽车漏油时,由于疏忽大意容易引起火灾。因此,要加强对驾驶人员的防火意识教育,企业要有严密的防火制度,严禁无关人员进入车库。

②汽车本身的电火花。汽车的高压电虽有防护,但在气缸外跳火的机会仍然很多,如高压线插头松动、绝缘老化等都会引起高压跳火,若此时附近有易燃物或汽油蒸气,就会引起火灾。因此,必须保持车辆技术状态良好,加强对车辆的维护。

③气缸内溢出的火。化油器回火、排气管"放炮"、点火时间不合适、负荷过大、混合气过浓等引起的发动机排气管过热,都能引起火灾。特别是在发动机不清洁、沾染油污、油污黏附杂草枯叶时,若附近有火源,也可能引起火灾。为此,必须经常擦拭发动机,保持其外表清洁,没有油污,并使油电路调整适当。

④防止静电火花和金属撞击引起的火花。汽油与油箱、油料与油罐在运动中会因摩擦产生静电,当电位高到一定程度时也会跳火引起火灾。因此,仓库的储油容器、管线、装卸设备上要安装接地线,以便把静电导入大地。油罐车要拖一根接地链,且要连接牢固,导电良好。加油时,加油枪管口应尽量接近油面,控制流速,以减少油料搅动与冲击,避免产生火花。

(2) 列车火灾事故的预防

1) 加强对电气设备的安全管理。

①锅炉、茶炉。点火前具体检查各阀门位置是否正确,水位表、温度表是否良好,严禁缺水点火;室内不准堆放杂物,并要保持清洁,及时消除油污;加煤时检查煤内是否有爆炸物;离人加锁;炉灰应用水浸灭后清除出车外;经常巡视检查;清灰时将灰渣余火彻底

熄灭。

②餐车炉灶。检查储藏室是否有易燃易爆物品，烟囱、炉灶、排油烟罩应定期清除油垢及杂物，燃气、燃油罐与炉灶的间距不得小于50厘米；列车运行过程中，严禁在餐车炼油、油炸食品，食品过油时油量不得超过容器容积的1/3；乘务员不得使用自备的炉具和电热器具；严禁炊事人员在火源、气源未关闭的情况下擅离岗位；当液化气瓶漏气时，应将其撤离餐车后检查修理，并对餐车开窗通风，严禁在液化气大量泄漏时点火或操作电气开关，严禁在液化气泄漏时用明火检查漏气部位。

③发电车和车辆电气装置。客运列车出发前和到站后，应对各种电气设备进行安全检查，各种电源配线及裸露在墙板线槽的导线应排列整齐，线头要包扎良好，防止漏电过程中产生火花；各接线端子、接线柱应防止开焊、松动虚接而产生电火花和电弧；各电源保险丝应根据规定配齐，严禁以大代小，以其他金属丝代替保险丝，使电路保险装置失去安全保险作用。列车运行中，车厢电源和电气设备必须保持状态良好、清洁，发电车和车厢的配电室内严禁存放物品，配电室离人时应锁闭，严格遵守操作规程，严禁乱拉电线、乱设电气装置。

2）强化日常消防安全管理。

①在禁止吸烟的车厢内，要提醒乘客不得吸烟。在允许吸烟的特定地点，要告诫乘客吸烟时将捻灭的烟头和熄灭的火柴梗放在烟灰盒内，不可随手乱扔。

②要及时对车内进行检查和清扫，避免纸张、碎布片等易燃可燃物品堆积在地板上。提醒乘客将废弃的物品放在茶几上，并及时清除。行李应放在行李架上，不得放在通道上，减少与火种接触的机

会，以免发生火灾妨碍乘客有秩序地疏散逃生。

③广播室内禁止吸烟，严禁放置易燃可燃物品和其他物品；行李车上要注意检查有无危险品被带入，并不准闲杂人员搭乘；邮政车上严禁闲杂人员进入，并严禁烟火。

④经常组织乘务员学习消防安全知识，掌握检查、使用列车内用火、用电设备及灭火器材的技术性知识和方法，真正做到平时能防火，发生火灾时能迅速、妥善、正确处理，最大限度地减少火灾损失。

3）整顿列车秩序，严禁"三品"（危险品、易燃易爆品和毒害品）上车。列车在始发站、较大站和重点区段站停靠时，乘务员要严格按照制度、方法进行"三品"检查，密切注意乘客随身携带的物品，发现易燃易爆物品时立即依法进行处理。

第5章 水路与航空交通工伤预防

34. 水路交通的常见事故及原因

（1）常见的水路交通事故

1）船舶碰撞。船舶碰撞是指两艘以上船舶之间发生撞击造成损害的事故。碰撞事故可能造成人员伤亡、船舶受损、船舶沉没等后果。

2）船体损坏。船体损坏是指因自然或人为因素致使船体造成损坏的事故。

3）船舶搁浅。船舶搁浅是指船舶搁置在浅滩上，造成停航或损害的事故。船舶搁浅所造成的危害是极其严重的，容易造成船体断裂、污染等次生事故。

4）船舶触礁事故。船舶触礁事故是指船舶触碰或搁置在礁石上造成损害的事故。

船舶碰撞是常见的水路交通事故,操作者需提高警惕,保持安全距离,尤其在视线好、航道窄时,明确双方航行意图,及时调整航向避免事故发生。

5)船舶浪损。船舶浪损也称非接触性碰撞,通常是指船舶在狭水道航行,因航行速度不当,掀起浪涌致使他船遭受损失的事故。船舶浪损轻则导致船舶、货物、岸坡、河道受损,重则导致船舶搁浅沉没、人员伤亡、岸边建筑受损。

6)船舶火灾、爆炸事故。船舶火灾、爆炸事故是指因自然或人为因素致使船舶失火或爆炸造成损害的事故。

7)船舶触损事故。船舶触损事故是指船舶触碰岸壁、码头、航标、桥墩、浮动设施、钻井平台等水上、水下建筑物或者沉船、沉物、木桩渔棚等碍航物并造成损害的事故。

8)船舶风灾事故。船舶风灾事故是指船舶遭受较强风暴袭击造成损失的事故。

9）船舶自沉事故。船舶自沉事故是指船舶因超载、积载或装载不当、操作不当、船体漏水等原因或者不明原因造成船舶沉没、倾覆、全损的事故。

10）船舶进水。船舶进水是指因船体破损、上浪等原因导致水进入船体内影响船舶稳定性的事故。

11）船舶沉没。船舶沉没是指船舶因外界因素使舱内进水、失去浮力，导致货舱或驳船的甲板、机动船最高一层连续甲板浸没 1/2 以上的一种事故状态。

（2）造成水路交通事故的原因

1）船上作业人员应急处置不及时而引发人员伤亡事故。船舶在航行中发生搁浅、触礁、火灾、沉没等事故，因事发突然，如果相关作业人员没有第一时间做出反应而落入水中，或无法脱离危险空间，极易导致伤亡。

2）船上安全设备存在缺陷，引发人员伤亡事故。尤其是船舶机电设备、线路设备，上下船舶的挡口、跳板、安全网，以及船舶首尾防护安全栏杆等出现问题时，极易引发安全事故，甚至造成人员伤亡。

3）作业人员未按规定正确操作相关设备，引发人员伤亡事故。船上绞滩机、发电机、主机的启动、运转、停机过程中，都必须严格遵守安全操作规程，确保作业人员安全。

4）在水上作业时，未按规定穿着救生衣。船舶在港口码头进行的靠离泊作业，通过浅滩时进行的测深作业，在急流滩进行的绞滩作业，都是在动态中完成的，不可预见性多，风险极大，作业人员一不小心就可能掉入水中引发伤亡事故。

5）在船上饮酒或饮酒后上船，引发水上人员伤亡事故。由于船上空间有限、船体结构复杂，当人饮酒后，放松戒备，经常发生摔跤或掉入水中的伤亡事故。

35. 水路交通极端天气事故的预防措施

（1）风灾事故的预防措施

1）认真落实大风来临之前的检查措施，掌握船舶在大风浪中航行时的注意事项、操纵要点以及锚泊时的防风措施。

2）在强风多发季节，船舶驶经突发季风航段之前，根据实际情况，可选择安全地点锚泊。

3）按时收听天气预报，保障通信畅通，随时听取有关的防风指示。

4）提高安全意识，不超载、不超速、不冒风航行。

5）加强水文气象知识学习，提高船员的技术素质，认真总结、积累实践经验，不断学以致用，提高抗击自然灾害的能力。

（2）浪损事故的预防措施

1）船舶禁止超载、超航区航行，确保船舶有足够的储备干舷。

2）提高船舶自身的防浪、抗浪性能。

3）在航行时保持安全速度。尤其是船舶在会让船舶、排筏以及在经过要求减速的地段、船舶装卸区、停泊区等易引起浪损的水域时，应及早降低航速，拉开与周围船舶、周边建筑的距离，以避免浪损。

4）预防浪损的有效措施之一是改变某些特定水域的临界深度，即通过疏浚整治航道来实现。

5）枯水期浅区附近、狭窄水道等水域的码头设施应采取防浪措施。

6）对松软、易造成侵蚀的沙土河岸应进行防护，修筑河堤，实施护岸工程。

36. 船舶停泊相关安全注意事项

（1）船舶靠泊时的安全注意事项

1）控制速度。船舶驶靠码头时控制速度是关键，在保持舵效的基础上，减慢航速。控制速度应注意以下几点。

①掌握好慢车和停车时机。船舶慢车和停车时机应根据船舶装载情况、船舶冲程，结合当时当地风流方向和速度，以及本船倒车功率确定。

②船抵码头下端位置是控制速度的关键。可根据码头物标移动速度来判断航速的快慢，如发现航速较快，可预先用倒车抑制。

③吹开风较强时，为防止风压，航速应稍大。

④码头边的流速比航道中稍缓慢，由航道中淌航至码头边时，会发觉航速较大，对此应有所估计。

2）摆好船位。一般情况下，船舶驶靠码头的船位是指慢车停车时的船舶位置，用纵距和横距来衡量。

①纵距。纵距是指靠泊船的船首在停车淌航时至泊位上端点的纵向距离。一般情况下，纵距为2~3倍船长，视风流情况及船舶冲程大小做适当调整。

②横距。横距是指靠泊船的船首在停车淌航和驶抵泊位时，正横

外距码头外缘线的垂直距离。停车淌航时，船至码头的横向距离，视在风流的影响情况下选定船舶与码头夹角的大小确定，夹角大则横距适当放宽，夹角小则横距适当缩小。

③下行船舶应掌握好掉头位置，以便掉头结束后的船位恰到好处。

3）调整好驶靠角。驶靠角是指船舶行驶靠向码头时，船舶首线与码头外缘线之间的夹角。

①重载船在急流港口顶流驶靠时，靠拢角度宜小，以降低驶靠横移速度，减轻船舶向码头或趸船的驶靠力。

②空船、缓流或吹开风时，驶靠角宜大，以减轻风致漂移，并保证有足够的驶靠速度。

③嵌挡驶靠时，应使船舶到达泊位挡子正横外处，使船身与码头边缘线接近相平行。

④在困档水域内驶靠码头或趸船时，应将船首略向外扬，以减小船舶首尾线与流向间的夹角。船舶在淌航过程中，反复调整驶靠角至最理想的情况，是使船舶接近平行地贴靠码头的关键。

⑤淌航前进中，应不断调整风流压差，并减小船舶与风或流的夹角，从而获得较好的驶靠角。

⑥船驶近码头时，力求平行靠拢，前后位移应用缆、车、舵配合，调整适当。

（2）船舶离泊时的安全注意事项

1）确定开首或开尾。开首就是使船首先离开码头，开首的基本条件包括无风、顶流吹开风、首吹拢风、泊位前方无障碍物，以及螺旋桨及舵不会触及码头。开尾就是使船尾先离开码头，开尾的基本条件包括尾吹拢风、落潮靠涨潮开或涨潮靠落潮开、顺流靠及船尾的螺旋桨、舵可能触及尾后停泊船舶等。此时，可采用开尾驶离。

2）掌握驶离角的大小。开首驶离，前方水域清澈时角度可小；有他船或吹拢风时角度应大些。开尾驶离、顶流靠泊时，速度过小易导致船尾甩回码头，角度过大可能使船首扬不出来。顺流靠泊时，角度过大易导致船身打横。

3）控制船舶的前后移动。一般系泊挡子前后活动余地有限，要求用车不能过大；船舶的前后移动应靠滞、溜缆绳和车、舵来控制；在驶离码头时，应考虑船舶前、后及外挡的余地。

4）防止系缆绞缠螺旋桨。解缆时应尽快收进，特别是尾部系缆，要求船尾和驾驶室之间取得密切联系，在尾缆未收清前切勿动车。在双螺旋桨的船上，为防止系缆绞缠桨叶，一般应先动外舷车。

37.船舶上特殊作业的安全要求

（1）在船上从事上高、舷外作业时的安全要求

上高作业是指在工作基面2米以上的桅杆、吊柱、吊货设备、上层建筑和烟囱外部、空货舱或机舱的顶部或高处舷墙作业。舷外作业是指在空载水线以上的船体外部作业。甲板和机舱操作人员必须遵守有关操作规程。作业部门的值班高级船员对操作人员的作业安全负责，应加强巡查、监督、指导，必要时命令暂停作业并报告船长或部门长。甲板船员在完成上高、舷外作业时必须遵循下述规定，机舱人员的舷外作业必须在甲板船员配合下进行。

1）航行中禁止舷外作业。船身晃动明显时，如无特殊需要，禁

止上高作业。

2）从事上高、舷外作业应选派身体和技术条件适宜的操作人员；作业前，应向全体操作人员说明工作内容和安全注意事项，必要时应进行操作示范；作业中要胆大心细、谨慎操作、相互照顾、确保安全。

3）作业前必须对作业用具（如系索、滑车、座板、脚手板、保险带、绳梯等）严格检查有无损伤或内蚀，绝对禁止在不安全状态下使用。

4）上高或舷外作业时必须做到以下几点：①系好保险带；②工具放在工具袋内或用细绳系住；③拆装的零件安放在专用的布袋或桶内；④上下运送物件时禁止掷抛；⑤禁止一手携物，另一手扶直梯上下；⑥应派专人在现场照顾配合。

5）上高作业时还应注意以下几点：①梯壁无损伤；②高空作业下方一定范围内禁止人员通过或作业；③现场照顾人员应戴安全帽；④座板升降绳下端绑固于甲板固定物；⑤保险绳和座板升降绳分开系固；⑥在舱口上高作业时应先将舱盖板全部盖好。

6）舷外作业时应注意以下几点：①作业前检查保险带和脚手板系绳是否系牢，保险带和底板（脚手板）绳分别系固于甲板不同固定物，每块脚手板上的操作人员以两人为限。②如在浮具（工作筏）上作业，船上应挂慢车信号；浮具两端系缆应有专人照料，并通知操作人员防范过往船只的波浪；浮具上应备有救生圈，操作人员应穿好救生衣；操作人员应从绳梯上下，禁止随浮具升降。③舷外拷铲、油漆作业前，应先了解港方有关防污染规定。

（2）船舶上明火作业的安全要求

1）船舶上进行明火作业，须由部门负责人提交书面申请，经轮机长同意后报船长审批。

2）部门负责人负责作业过程中的检查、监督和指导，保证作业安全进行。

3）明火作业人员必须经过培训，持有合格操作证书。至少指定一名作业监督员负责监督和防护。

4）作业前作业监督员必须认真进行安全检查。

5）作业前应清理作业场地，移去易燃易爆品，除去油类、油漆、棉纱，保持通风良好，确认作业区下方无电缆通过，附近无忌热仪器设备。

6）油舱附近作业必须清理油脚和清洗油舱，彻底通风。经测爆，油气浓度在爆炸下限的 10% 以下时方可作业。

（3）密闭空间作业的安全要求

1）应固定密闭空间内管路上的阀门，以防止阀门意外打开对作业人员造成伤害。

2）在进入密闭空间前，要进行彻底通风。

3）进入密闭空间前，要检测密闭空间的含氧量，爆炸气体和有毒气体的浓度要在安全标准以下。当满足氧气含量为 21%，爆炸气体含量小于爆炸下限的 1%，有毒气体的含量小于允许的暴露值时，方可进入密闭空间作业。

4）在密闭空间作业时，要保证连续的通风，同时要持续监测密闭空间的含氧量，当含氧量低于 18% 时，作业人员应及时撤出。

5）在密闭空间作业时要保证足够的照明。

6）要在密闭空间的入口处准备救助及氧气复苏设备，以备应急使用。

7）应安排人员在密闭空间的入口处随时准备救援。

8）应配备并测试密闭空间外的人员和进入密闭空间作业人员的通信设备。

9）在进入密闭空间作业前应制定应急和逃生程序并告知作业人员。

10）如实记录进入密闭空间作业人员的名单。

11）船舶停靠在港内时，应得到港方的批准，方可进行作业。

（4）船舶装运危险货物时的安全要求

1）应根据危险货物的特性选用恰当的装卸机具。装卸爆炸品、放射性物品、一级毒害品、有机过氧化物时，装卸机具的负荷不得超过额定负荷的75%。

2）应根据危险货物的性质和状态，在船与船之间或船与岸之间设置安全网；装卸人员须穿戴符合要求的防护服。

3）夜间作业时，应使用防爆型灯具，供给足够的照明。

4）船方应保证船上作业环境的安全性。若作业场所被有毒有害品、放射性物品污染，或有易燃易爆气体或液体泄漏，应清除和通风，并经检测证明污染和危害消除后方可作业。

5）危险货物装卸期间，不得进行加油、加水（岸上管道加水除外）、除锈作业；卸爆炸品时，不得使用雷达和无线电发射机，也不得对其进行检修。

6）装卸易燃易爆危险货物应划定禁火区，即使是作业人员也不得携带火种或穿带铁钉的鞋进入作业现场。

应根据危险货物的特性选用恰当的装卸机具。

7）雷鸣、闪电或装卸作业现场附近发生火警时，应立即停止作业，不得在雨雪天气装卸遇湿易燃物品。

8）严格按照积载图装卸危险货物，稳拿轻放，稳固堆码。

9）爆炸品、有机过氧化物、易燃液体、有毒有害品和放射性物品，原则上应最后装、最先卸。若未经中途港当地海事机关批准，不得在装有爆炸品的舱室加载其他货物。

10）高温季节应谨慎安排对温度敏感的危险货物的装卸，避免阳光直接暴晒。

11）载有液体货物的可移动罐柜在装卸时，应避免剧烈晃动，防止产生静电而发生危险。

12）装有危险货物的集装箱，应在指定地点拆装，并事先按规定采取安全措施。

13）按规章制度显示装卸危险品信号。

14）接受主管机关的监督，必要时应按其要求及时停止作业。

38. 造成航空交通事故的原因

（1）主观原因

1）个别机组成员缺乏社会责任感，漠视飞行规则，行为轻率出现失误。

2）机组资源管理不当，飞行员飞行技能不达标，紧急情况判断抉择有误造成错误操作。

3）通信导航系统故障，机场空管人员指挥失误。

4）安检不严，个别乘客携带易燃易爆危险品、凶器上飞机，发生劫机和恐怖袭击等。

5）对航空器进行推脱时观察不仔细，与场内设备、设施相碰撞；乘客在登、离机过程中，因摆渡车、廊桥、客梯等故障引发伤亡；泊位信息错误导致飞机停放不当，受到邻近飞机尾流影响；标志设置不当、引导飞机不当；机坪车辆、人员与飞机抢行等。

6）过载失速，飞机控制系统故障，发动机传动操作系统失灵，起落架系统故障或液压系统故障导致机身断裂、轮胎爆炸等。

7）某些部件存在老化锈蚀、裂纹孔隙、疲劳损坏，长期得不到维修或维修不当；飞机结构叶片状或分层状剥离腐蚀、纤维状腐蚀、电蚀腐蚀，导致螺旋桨、机翼、尾翼故障等。

8）乘务员对乘客管理不当，乘客违规使用手机，擅自打开舱门、打架、吸烟等。

9）飞行物干扰。例如，机场一般位于城市郊区，周边是比较空阔的地带，有人喜欢到机场附近放风筝，飞翔的风筝容易干扰飞行员的视线，若风筝被卷入引擎，航空事故甚至灾害的发生将难以避免。

10)飞机设计不合理。机械部件在运行时发生短路、脱落、断裂等现象。

11)烟雾影响。很多机场的周边是农村,收割季节机场周围农民烧秸秆、稻草、树叶等,燃烧时产生的滚滚浓烟会降低机场周围的能见度,阻碍飞机安全降落,造成严重威胁。

(2)客观原因

1)大雾阻碍视线,造成飞行员产生错觉,容易误撞高大建筑物和山体树木等。

2)轮胎爆破,起落架、发动机支架在起飞过程中突然断裂等。

3)气候原因。航空飞行安全必须考虑自然环境中地形、地貌、风雨、雷电、温度等因素对安全生产的影响。常见的影响飞行安全的气候有风切变、雷雨天气、大雾天气、吹雪、结冰等因素。

4)鸟害。鸟害是指飞机在飞行过程中与飞行中的鸟类发生相撞,引起飞机机械损伤、动力装置受损,进一步引发飞机失去控制的事件。如果鸟群被飞行中的发动机吸入,可致发动机进气道堵塞或者风扇叶片折断,从而导致发动机空中停车、失火或飞机失控;在起飞和进近阶段造成飞机起飞中断、偏出、冲出跑道,甚至造成坠毁的严重事故。

39.飞机乘坐安全注意事项

(1)遭遇剧烈颠簸时的安全注意事项

1)飞机遭遇剧烈颠簸时,机组成员要做到:①立即坐在最近的座位或者乘务员座位上,系好安全带和肩带;②通过乘客广播系统指示乘客系好安全带；③以人身安全为重，不要试图固定厨房的松散物品；④如果在一段时间之后没有颠簸发生而"系好安全带"指示灯依然亮着，则客舱乘务员可以主动与驾驶舱机组联系，以确定下一步工作内容。

2）飞机遭遇剧烈颠簸时，乘客要做到：①听从乘务员的安全指令，迅速回座位坐好，系好安全带，停止使用卫生间；②不要在飞机颠簸时打开行李架去拿行李，谨防被跌落的行李砸伤；③如果来不及回到座位，应立即蹲下，降低身体重心，抓住旁边固定的凸起物，如座椅扶手、脚柄等；④如果乘客正在用餐、饮水，特别是热饮，应立即把餐饮放置于地板上，谨防被烫伤；⑤如果已经被甩出座位外，不要试图起身，谨防二次颠簸，此时可趴在地板上，抓住距离自己最近的固定物。

（2）紧急迫降时的安全注意事项

1）系紧安全带。应尽可能系紧安全带，以减少身体移位，避免被抛向机舱顶部或碰到其他物件。

2）采取应急安全坐姿。在事故发生的瞬间，坐姿正确与否关系着救生效果。紧急迫降时，速度变化大，应采取应急安全坐姿，可以减少碰撞，防止受伤。

3）打开遮阳板。这样可以保持良好的视线，以确保乘客可以在紧急状况发生时察看机外的情形，以决定向哪一个方向逃生。

4）摘下尖锐物件。摘（脱）下眼镜、项链、戒指、假牙和高跟鞋，口袋里的尖锐物件（如手机、钢笔等）也应该拿出，以免划破应急滑梯。

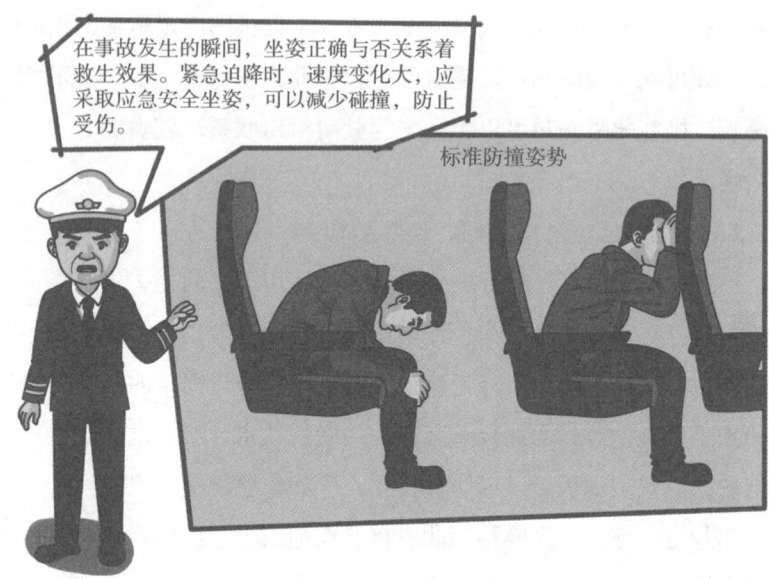

在事故发生的瞬间,坐姿正确与否关系着救生效果。紧急迫降时,速度变化大,应采取应急安全坐姿,可以减少碰撞,防止受伤。

标准防撞姿势

5)戴上氧气面罩。若客舱失去气密或遇其他缺氧情况,按照氧气面罩的操作方法迅速戴好氧气面罩。

6)穿上救生衣。水上迫降时,应按照乘务员的提示,迅速穿上救生衣。切忌在走出机舱前吹起救生衣,以免难以出舱门。

7)撤离飞机。着陆后,乘客应听从机组成员统一指挥,按照撤离路线迅速撤离。未经机长允许,机组任何成员不得擅自离机。机长应保护好飞机文件,最后一个撤离飞机,并尽可能在离机前完成客舱巡视。

(3)乘坐飞机常规安全注意事项

1)乘机前,应严格进行安全检查,严禁携带易燃易爆品和其他管制物品登机,如刀具、活体动物、有明显异味的物品等。

2)每次起飞前,应认真观看救生、逃生视频和乘务员演示的救生衣穿法。

3）遵照空中乘务员的命令，在飞机起飞、飞行和降落时，禁止使用手机及相关电子设备，并确保其处于关机状态。

4）严禁在机舱和卫生间内吸烟；严禁随意触动紧急出口开关等逃生设备；严禁把安全指南和逃生设备带下飞机。

5）发现可疑人或物，要及时向乘务员报告。

40. 航空安全保障中的重点环节与设备检查

（1）飞机起飞前的应急设备检查

客舱乘务员登机后，必须检查并核实应急设备的位置，确保其处于待用状态。

1）应急箱、应急医疗箱在有效期内，铅封完好。

2）灭火器在有效期内，铅封完好，压力正常。

3）氧气瓶压力正常，面罩完好且匹配。

4）检查洗手间烟雾探测器是否在工作状态。

5）检查各个舱门状况是否正常，确保滑梯压力指示针在绿色区域内。

6）检查确认手电筒在指定位置，工作状态良好。

7）延伸跨水飞行时，确保救生设备齐全，每位乘客座位下备有救生衣。

8）所有演示设备配备齐全。

9）安全须知说明配备齐全。

10）检查乘务员控制面板的翼上应急滑梯的指示是否处于预位

状态。

11）应急发报机在指定位置。

12）加长安全带在位且按规定数量配备。

（2）飞机移动前的安全检查

1）电子设备处于关机状态。

2）乘客就座并系紧安全带，儿童也应系紧安全带或由成人抱好。

3）对于无人就座的空座位，客舱乘务员应将其座位上的安全带固定好。

4）行李物品存放妥当，通道、应急出口处不得摆放行李物品，行李架关闭并锁好。小桌板及饮料杯托收直扣好，座椅背处于垂直位。

5）乘客座位上无饮料杯、餐具等杂物。门帘、窗帘打开并固定。

6）打开遮光板。行李架扣紧。确保洗手间无人占用并锁闭。

7）确保应急出口、走廊过道及座位等附近无任何大件行李。

8）固定好厨房餐具、餐车及供应品。确认烤箱、热水器等电器的电源关闭。

（3）飞机滑行起飞前的安全检查

1）乘务员在确认所有客舱安全检查项目全部落实后，注意观察客舱情况，如果发生影响安全的异常情况，要及时报告机长。

2）在驾驶舱给出起飞信号且离起飞时间只有一两分钟时，乘务员必须完成客舱安全检查及各种设备的固定并调暗客舱灯光，及时进行起飞前再次确认的广播，同时注意观察客舱情况。如果发现有乘客在客舱内站立或打开行李架，必须立即用广播提示乘客尽快坐下并系好安全带。

3）飞机起飞和着落是飞行的关键阶段，客舱乘务员应在各自的座位上就座，不能看书报杂志、聊天或者进行与飞行安全无关的事情。

（4）飞行关键阶段的安全要求

飞行关键阶段是指飞机在地面运行阶段的滑行、起飞、着陆和除巡航高度飞行外在3 000米以下的飞行阶段。

1）飞行关键阶段对客舱乘务员的要求如下：①当飞机起飞后，乘务员广播提示乘客，在飞行全程中就座时要系好安全带；②飞机在空中飞行有时会遇有气流引起颠簸，乘客系好安全带可以避免突然颠簸而受到伤害；③在飞机起飞爬高阶段，"系好安全带"指示灯熄灭前，乘务员不允许进行客舱服务工作。

2）飞行关键阶段的驾驶舱要求。飞机机组成员不得从事或者承担任何与飞行安全运行无关和可能分散飞机机组其他成员工作精力的活动，机长也不得允许其他机组成员从事以下几种活动：①机组成员在客舱或者驾驶舱进餐；②驾驶舱和客舱机组成员之间进行无关紧要的通话；③联系到达站为乘客预订餐食饮料等物品；④为中转联程乘客确认衔接的航班；⑤对乘客进行广告宣传广播。

第6章 职业病预防与健康管理

41. 交通运输行业常见职业相关疾病

交通运输行业常见的职业相关疾病主要有以下九种。

（1）颈椎病

由于驾驶人员需要长时间集中精神，姿势相对固定，且很难保持正确的坐姿，颈椎承受的压力就会大大增加，时间一长不可避免地会导致颈椎病。最常见的症状是颈肩不适、疼痛、颈部僵硬、头晕乏力、上肢酸软麻木、心慌多汗。

（2）腰椎疾病

驾驶人员长时间开车时腰部的姿势不良，座位与方向盘的高度不协调，以及腰骶部受到长时间的颠振都可能导致腰椎疾病。

（3）消化系统疾病

驾驶人员开车时精神高度紧张，极易造成神经系统和内分泌系统功能紊乱。而且驾驶人员饮食很不规律，经常食用快餐甚至不吃饭，有时还会暴饮暴食，带来的后果就是易患消化系统疾病，常见为消化不良、胃部疼痛，严重者会引起胃肠大出血。

（4）手臂振动类疾病

机动车在发动、行驶过程中都在不断地振动，驾驶人员的全身尤其是手脚受到的振动较大，如果长期受到振动影响，会使手部等部位的肌肉痉挛、萎缩，出现手麻、手痛、手胀、手凉等症状，严重的还会引起骨骼、关节的改变。

（5）肩周炎

肩周炎也是驾驶人员中常见的疾病，主要是因为长时间保持一个姿势，肩部活动减少，多见于40岁以上的中老年驾驶人员。驾驶人员患肩周炎后由于肩关节疼痛和活动受限，不能灵活、准确地进行驾驶操作，容易发生不安全情况。

（6）噪声性耳聋

机动车发动机运转、汽车喇叭、所载物体的振动等，可产生不同强度的噪声。驾驶人员长期在噪声环境下，易产生听力损伤，且不能完全恢复，导致双侧不可逆性耳聋，即噪声性耳聋。

（7）前列腺炎

驾驶人员因工作特点，属于易患前列腺炎的重点人群，且往往难以坚持定期、正规、连续的综合治疗，因此对该病的预防尤为重要。

（8）视力疲劳综合征

驾驶人员在开车时，眼睛时刻都要注视路面的情况。倘若汽车的挡风玻璃质量粗糙，或高低不平、厚薄不一便会直接影响驾驶人员的视力，导致视力疲劳综合征，即在开车过程中，出现头晕、视线模糊等症状。

（9）痔疮

驾驶人员通常需要久坐，导致臀部血液流通不顺，容易引发痔疮。另外，饮食不洁也会引起痔疮。在高温天气下，人体局部温度升高，久坐使得静脉回流不畅也是痔疮一个很重要的诱因。

42. 职工健康检查的制度与责任

（1）用人单位对职工健康检查的责任

1）用人单位不得安排未经上岗前职业健康检查的职工从事接触职业病危害的作业；不得安排有职业禁忌的职工从事禁忌的作业；对在职业健康检查中发现有与所从事职业相关的健康损害的职工，应当调离原工作岗位，并妥善处置；对未进行离岗前职业健康检查的职工，不得终止与其订立的劳动合同。

2）用人单位应当为职工建立职业健康监护档案，并按照规定的期限妥善保存。职工离开单位时，有权索取本人职业健康监护档案复印件，用人单位应当如实、无偿提供，并在所提供的复印件上签章。

3）用人单位不得安排未成年人从事接触职业病危害的作业；不得安排孕期、哺乳期的女职工从事对本人和胎儿、婴儿有危害的作业。

4）用人单位发生职业病危害事故，应当及时向所在地应急管理部门和有关部门报告，并采取有效措施，减少或者消除职业病危害因素，防止事故扩大。对遭受职业病危害的职工，应及时组织救治，并承担所需费用。

 法律提示

《中华人民共和国职业病防治法》第四条规定，劳动者依法享有职业卫生保护的权利。用人单位应当为劳动者创造符合国家职业卫生标准和卫生要求的工作环境和条件，并采取措施保障劳动者获得职业卫生保护。

第五条规定，用人单位应当建立、健全职业病防治责任制，加强对职业病防治的管理，提高职业病防治水平，对本单位产生的职业病危害承担责任。

（2）职业健康检查制度

1）上岗前健康检查。职工上岗前健康检查是指从事接触职业病危害因素作业的新录用人员（包括转岗到该种作业岗位的人员）以及拟从事有特殊健康要求作业（如电工作业、高处作业、职业机动车驾驶作业等）的人员，在开始从事接触职业病危害因素作业之前进行职业健康检查。上岗前健康检查均为强制性职业健康检查，其目的是发现有无职业禁忌证以及建立接触职业病危害因素人员的基础健康档案。

2）在岗期间定期健康检查。职工在岗期间定期健康检查是指针对长期接触职业病危害因素的作业职工，于其在岗期间按规定周期开展的职业健康检查。其主要目的是尽早发现职业病病人、疑似职业病病人或职工的其他健康异常改变，及时发现有职业禁忌证的职工，评价作业场所职业病危害因素的控制效果。

在岗期间定期健康检查包括强制性职业健康检查和推荐性职业健康检查，定期健康检查的周期根据不同职业病危害因素的性质、工作场所职业病危害因素的浓度或强度、目标疾病的潜伏期和防护措施状况等因素决定。

3）离岗时健康检查。职工离岗时健康检查是指职工在准备调离或脱离所从事的接触职业病危害因素的作业或岗位前，所接受的全面健康检查。检查的内容与项目是依据职工所从事的岗位、工种中所存在的职业病危害因素情况而有针对性地选择一些较为敏感的指标，对职工进行检查。其目的是确定职工在停止接触职业病危害因素时的健康状况。

法律提示

《用人单位职业健康监护监督管理办法》规定,用人单位应当根据劳动者所接触的职业病危害因素,定期安排劳动者进行在岗期间的职业健康检查。用人单位应当根据职业健康检查报告,采取下列措施:

(1) 对有职业禁忌的劳动者,调离或者暂时脱离原工作岗位。

(2) 对健康损害可能与所从事的职业相关的劳动者,进行妥善安置。

(3) 对需要复查的劳动者,按照职业健康检查机构要求的时间安排复查和医学观察。

(4) 对疑似职业病病人,按照职业健康检查机构的建议安排其进行医学观察或者职业病诊断。

(5) 对存在职业病危害的岗位,立即改善劳动条件,完善职业病防护设施,为劳动者配备符合国家标准的职业病危害防护用品。

《中华人民共和国职业病防治法》规定,用人单位和医疗卫生机构发现职业病病人或者疑似职业病病人时,应当及时向所在地卫生行政部门报告。确诊为职业病的,用人单位还应当向所在地劳动保障行政部门报告。

《用人单位职业健康监护监督管理办法》规定,对准备脱离所从事的职业病危害作业或者岗位的劳动者,用人单位应当在劳动者离岗前30日内组织劳动者进行离岗时的职业健康检查。劳动者离岗前90日内的在岗期间的职业健康检查可以视为离岗时的职业健康检查。用人单位对未进行离岗时职业健康检查的劳动者，不得解除或者终止与其订立的劳动合同。

43. 噪声性耳聋与视力疲劳综合征的预防措施

（1）噪声性耳聋的预防措施

1）控制噪声来源。一方面，定期检查车辆运行状态，添加机油、润滑油，装备消声器，从源头上减少噪声的产生。另一方面，在驾驶室内采取隔声降噪措施，使噪声减小到国家规定的防护标准（85~90分贝）以内。

2）减少接触时间。如工作一段时间后在隔声室里休息一会儿，或减少每日、每周接触噪声的时间，还可根据实际情况轮换工种，也可以降低听力损害。

3）选择合适的个人防护用品，如佩戴耳塞、耳罩、隔声帽等防噪声器材。一般在80分贝的噪声环境中长期工作时，就应佩戴简易耳塞；当噪声超过90分贝时，则必须使用专业的防护工具。简便的方法可以先用棉花塞紧外耳道口，再涂抹少量凡士林，其隔声效果可达到约30分贝。

4）就业前检查听力，患有感觉神经性耳聋和噪声敏感者，应避免在强噪声环境工作。对接触噪声者，应定期检查听力，及时发现早期的听力损伤，并给予妥善处理。

（2）视力疲劳综合征的预防措施

1）挡风玻璃质量差是造成视力疲劳综合征的主因，因此，要选用质量上乘的挡风玻璃。此外，长途行车时要强调适当休息，防止视力过度疲劳。

2）在中途停车休息时，应利用短暂时间，将身体直立，放松眼球，极目平视远处，以缓解眼部疲劳。

3）当正面阳光过于刺眼时，除了利用遮阳板外，还可佩戴专用太阳镜以保护眼睛，不过需要注意，不宜长时间连续佩戴太阳镜。

4）平时多吃海鱼，可以减少干眼症的发生。

5）除在行驶中需集中精力用眼外，平时看电视、看书等，都要严格限定次数和时间，不可过长、过频繁。

6）适当运转眼球，锻炼眼球的活力，以达到舒筋活络、改善视力的目的，使眼球更加灵活、敏锐。

44. 交通运输行业其他常见疾病的预防措施

（1）腰椎间盘突出的预防措施

1）采取正确驾驶姿势。驾驶时应保持背部紧贴座椅，调整座椅高度和角度，确保腰部有适当支撑，同时保持膝盖略低于臀部，避免前倾或弓腰。

2）定时休息和活动。每驾驶 1~2 小时应停车休息 5~10 分钟，进行腰部的伸展和旋转运动，缓解腰部和全身的疲劳与压力。

3）加强核心肌群锻炼。通过平板支撑、仰卧卷腹和桥式等运动，锻炼腰腹部和背部肌肉，增强腰椎的稳定性，减少腰椎间盘突出风险。

4）改善座椅和车辆设备。使用减振效果好的座椅和腰靠，确保座椅柔软且有良好的支撑性，减轻车辆振动对腰椎的直接冲击。

5）控制体重和健康饮食。保持健康的体重，避免因肥胖增加腰椎负担，多摄入富含高纤维、钙和维生素 D 的食物，以维持骨骼和关节的健康。

6）避免不良驾驶习惯。驾驶时不要将钱包或硬物放在后裤兜，避免腰部受压；驾驶车辆时应避免低头或长时间保持固定姿势。

7）注意身体信号。一旦出现腰部疼痛、僵硬或不适，应立即调整驾驶习惯，并尽快就医以防症状加重，及时治疗潜在问题。

（2）振动性疾病的预防措施

1）采取劳动保护措施，驾驶人员座位应用弹簧、海绵坐垫制成。开车时应戴松软手套，减少手与机器手柄和方向盘的直接接触。

2）定期对车辆检修、维护，及时排除故障，保养好汽车的减振器，使其始终处于良好的工况下，减少车辆的振动。

3）当道路凹凸不平时，应减速行驶，以减少全身振动。

4）驾驶车辆时，操作应平顺、柔和，减少粗暴动作，并选择正确路面行驶。

5）驾驶人员要加强营养，增强身体免疫力，定期进行体检，发现病症及时治疗。

（3）肩周炎的预防措施

1）纠正不良驾驶姿势，避免颈椎长时间保持在一个固定的姿势，一般间隔1个小时左右应改变一下姿势或做一些简单的颈部活动。同时，要避免半躺半坐姿势。

2）避免颈部受冷，包括出汗、淋雨、直接受风受寒等。

3）加强自我锻炼，经常做颈椎保健操：颈椎前屈、后伸、左右侧屈、左右旋转，共六个角度，每个角度单独活动到最大范围，各做3~6次。每天可重复多次。切忌进行过快、过猛的头部环形摇动。

45. 极端天气与中暑的预防措施

（1）极端天气的预防措施

1）提前规划路线。驾驶人员应在出发前关注天气预报，了解路况信息，避开暴雨、暴雪或雷电等极端天气区域，必要时调整运输时间或路线。

2）检查车辆性能。在遇到极端天气前，必须全面检查车辆，包括刹车系统、轮胎、雨刷器、灯光和冷却系统，确保车辆处于最佳工作状态。

3）提升驾驶技巧。驾驶人员应接受特殊天气驾驶培训，掌握湿滑路面、积雪路面和强风天气下的驾驶技巧，如控制车速、保持安全车距和避免急刹车等。

4）装备必要物资。随车携带应急设备，如防滑链、备用轮胎、拖车绳、反光警示牌、手电筒和急救箱等，以应对紧急情况。

5）应对暴雨和积水。暴雨天气中应减速行驶，尽量避免通过涉水过深的路段；如必须涉水，应低速匀速通过，并观察其他车辆动态判断水深。

6）暴风雪中的防护。遇到暴雪时，应缓慢驾驶，保持车窗清晰，必要时停车休息，避免长时间暴露在低温环境中导致冻伤或车辆故障。

7）雷电天气行车安全。雷电天气中，应避免在空旷地带或树下停车；停车后关闭车内电子设备，减少被雷击风险。

8）企业支持和预警机制。企业应设立天气监测机制，及时发布预警信息，并在极端天气条件下提供替代方案，确保驾驶人员安全。

（2）中暑的预防措施

1）保持驾驶室温度。确保空调正常工作，车窗贴上隔热膜或使用遮阳帘，降低阳光直射的温度；必要时配备冷却坐垫或随身携带冰袋。

2）合理安排作息。尽量避开高温时段（上午11点至下午3点）驾驶，采用轮班制或适当延长休息时间，避免长时间高温暴露。

3）注意补充水分。随车携带充足的饮用水和含盐饮料，保持每隔1小时饮水一次，避免因大量出汗导致脱水和电解质失衡。

4）穿着舒适衣物。选择透气性好的衣物，并佩戴防晒帽、太阳镜和袖套，减少皮肤暴露面积，防止阳光直射。

5）加强身体监测。驾驶人员应注意自身身体信号，如出现乏力、头晕、恶心等症状，应立即停车休息，降温补水，严重时应尽快就医。

6）随车备好防暑物资。车上准备藿香正气水、人丹、清凉油、冰袋等防暑降温用品，在高温环境中随时使用以缓解不适。

7）中暑应急处理。若出现轻微中暑，可立即将驾驶人员移至阴凉处休息，喝含盐饮料或凉水，用湿毛巾敷在额头和脖颈降温；若中暑症状严重，应立即拨打急救电话。

8）加强企业支持。企业应为驾驶人员提供高温津贴、防暑降温用品以及中暑急救知识培训，并适当减少高温天气下的任务量，确保驾驶人员健康和安全。

第7章 交通运输事故的应急与自救

46. 交通运输火灾事故应急处理

（1）汽车火灾事故的扑救办法

1）当汽车发动机发生火灾时，驾驶人员应迅速停车，打开车门让车上人员下车，切断电源，取下随车灭火器，对准着火部位正面猛喷，以扑灭火焰。

2）当汽车车厢货物发生火灾时，驾驶人员应将汽车驶离重点要害部位（或人员集中场所）后，立即停车并迅速向消防队报警。

3）当汽车在加油过程中发生火灾时，驾驶人员不要惊慌，要立即停止加油，迅速将车开出加油站（库），在确保安全的情况下，用随车灭火器或加油站的灭火器以及衣物等将油箱上的火焰扑灭。如果地面有流散的燃料时，应用库区灭火器或沙土将地面火扑灭。

4）当汽车在修理过程中发生火灾时，修理人员应迅速下车或钻出维修地沟，立即切断电源，用灭火器或其他灭火器材扑灭火焰。

5）当汽车被撞后发生火灾时，如果车辆零部件损坏，乘客伤亡比较严重，首要任务是设法救人，并同时报警，请示救援。

6）当停车场发生火灾时，一般应视着火车辆位置，采取扑救措施和疏散措施。如果着火汽车在停车场中间，应在扑救火灾的同时，组织人员疏散周围停放的车辆，确保火势不蔓延。

7）当公共汽车发生火灾时，由于车上人多，要特别冷静果断。应考虑到救人和报警，同时视着火的具体部位来确定逃生和扑救方法。

（2）列车火灾事故的扑救办法

1）客运列车火灾扑救。运行中的客运列车发生火灾时，列车工作人员应迅速按下紧急制动按钮，使列车停下，并开启车门和车窗，引导乘客通过门窗向车外疏散，或疏散到未着火的车厢内。若客运列车在行驶途中或停车时发生火灾，在人员疏散完毕后，应采取摘钩措施，将未着火的车厢分离，以控制火势蔓延。同时，应迅速在起火车厢两侧设置防线，阻止火势向列车前后蔓延，并从外部进行扑救。

2）货物列车火灾扑救。货物列车在运行途中发生火灾时，运行车长应及时向调度室报告，并请求指示停车位置。若货物列车停在车站、货场或编组站内发生火灾，应迅速将货物列车转移至安全的地段，等待消防救援。可通过分解车厢的方式疏散货物。扑救时应查明车厢内货物的种类及物理化学性质，采取相应的扑救方法，避免灭火剂与货物发生化学反应导致燃烧或爆炸加剧。在灭火的同时，应抢救物资，将物资转移到安全地带，以减少损失，并撤离火源附近的可燃物质。

3）机车火灾扑救。内燃机车发生火灾时，应停机断电。柴油机和油箱着火时，应使用泡沫或雾状水灭火，并冷却燃油箱，防止爆炸。电气部分着火时，应使用干粉、二氧化碳等灭火剂或雾状水进行灭火。电力机车发生火灾时，首先应切断电源，然后使用干粉、二氧化碳等灭火剂进行灭火。在特殊情况下，如电源已完全切断且安全有保障时，也可使用水进行扑救。

4）轻轨列车火灾扑救。停站列车发生火灾时，列车驾驶人员或站台工作人员应立即切断列车电源，并引导列车及站内人员有序从站台出入口撤离。消防救援人员应利用站台上的固定消防设施，使用水枪深入列车内部进行灭火。必要时，可对列车窗户进行破拆，以开辟疏散通道和进攻通道，并排除烟雾。若轻轨列车在运行途中发生火灾，驾驶人员应尽量将列车驶至就近站台，首先进行疏散，然后切断机车电源进行灭火。

5）磁悬浮列车火灾扑救。磁悬浮列车在运行中发生火灾时，主要依靠乘务员和乘客使用灭火器进行扑救。若火势较大，着火车厢的乘客应向前后车厢疏散，并迅速关闭事故车厢的火灾屏蔽门及两端车厢的屏蔽门。同时，应通知列车运行控制中心，在列车下一站做好火灾扑救准备。

47. 车辆碰撞事故应急处理

（1）汽车碰撞事故应急处理

1）如果撞车已不可避免，驾驶人员应保持冷静，掌握好方向盘，尽可能将自己及他人的损失降至最低限度。为了减速，可以冲向能够起阻挡作用的障碍物。没系安全带最好不要试图直接去对抗冲撞，在撞上冲撞点的瞬间应尽可能远离方向盘，双臂夹胸、手抱头。

2）经验证明，副驾驶位是发生事故时最危险的座位，如果坐在该位置，要抱住头部躺在座位上，或者双手握拳，用手腕护住前额，同时屈身抬膝护住腹部和胸部。

3）坐在后排的乘客在即将发生撞车时，应迅速向前伸出一只脚，顶在前面座椅的背面，并在胸前屈肘，双手张开，保护头面部，背部后挺，靠在座椅上。

4）相撞时切忌喊叫，应该紧闭嘴唇，咬紧牙齿，以免相撞时咬坏舌头。

5）汽车碰撞发生火灾的可能性极大，所以撞击一旦停止，所有人要尽快设法离开汽车。

6）车辆碰撞事故发生后，应立即停车并开启警示灯，将车辆尽量停在安全位置。如果事故发生在高速公路或交通繁忙路段，应迅速撤离到安全区域，同时在车辆后方设置警示三角牌，城市道路需放置于离车辆50米外，高速公路需放置于150米外。确认自身及乘客是否有受伤情况，必要时拨打急救电话请求医疗救助。

7）应拨打报警电话（110或122）报告事故情况，说明事故发生的具体位置、人员伤亡情况和车辆状态。除非有妨碍交通或有二次事故风险的情况，否则应保持现场原状，并用手机拍下事故现场的照片，包括车辆位置、受损情况及周围环境，以便后续处理。

8）与其他驾驶人员沟通时，需冷静处理，避免争执。双方应互相交换信息，包括车辆号牌、驾驶证、保险信息等。如果事故较为轻微且无人员伤亡，可在拍照取证后将车辆移至路边，填写交通事故快速处理协议书，并向保险公司报案。

9）处理过程中，需注意遵守交通规则，避免因责任争议产生不必要的麻烦。同时，切勿未经确认擅自承认事故责任，应等待交警或保险公司的调查结论。

(2) 车祸受伤的应急处理

事故的发生往往是比较突然的，驾驶人员平时可在车上备一些急救物品以防不时之需，如木板、绷带以及清洁的毛巾等。发生车祸受伤时，在没有专业救护人员在场的情况下，可采用以下方法自救。

1）在车祸中，撞击是驾驶人员最易受到的伤害。被方向盘撞到胸部后，如果伤员感觉到剧痛和呼吸困难，可能是肋骨发生骨折并刺伤肺部。此时伤员千万不要贸然移动身体，避免碎骨对内脏造成新的伤害。如果手臂仍可以移动且能接触到手机，可打急救电话求救，或者呼喊请求别人帮助。

2）大多数小客车的方向盘比较靠下，发生撞击时，肝脏和脾脏等器官也易受到伤害。若肝、脾破裂，发生大出血时会有腹痛出现。此时尽量不要随意活动，以免加重出血。如果发现车辆有起火等隐患，则要缓慢地离开车辆并转移到安全地带，等待救护人员到来。

3）撞击或其他原因可能会使驾驶人员胸部受到外伤，如果发现胸部外出血时，要用毛巾或其他替代品暂时包扎，以免失血过多。

4）如果感觉肢体疼痛、肿胀、畸形，则可能是骨折。骨折后伤员不宜乱动，以避免血管和神经在搬动时受到伤害，而应尽快对伤肢进行简易固定。如果请别人帮助固定伤肢，最好用木板或较直且有一定硬度的树枝。

48. 休克伤员急救处理

(1) 休克的特征

休克主要是由于组织灌注不足导致细胞代谢紊乱和功能受损。其外表特征往往包括面色苍白或发灰，皮肤湿冷，有时伴有明显的冷汗，触摸四肢会感觉冰冷。伤员的脉搏通常加快且微弱难以触及，呼吸也会变得急促且浅表，严重时可能出现喘息。由于血液供应不足，伤员可能会表现出极度乏力、头晕，甚至完全丧失意识。

伤员的精神状态通常呈现出焦虑、恐惧，或对外界刺激反应迟钝，严重时可能出现神志模糊或完全昏迷。眼睛的变化也较为显著，眼睑下垂，眼球无神，瞳孔可能出现散大但对光反应减弱。对于出血性休克，还可能观察到明显的失血迹象，如伤口流血不止或血液浸湿衣物。

（2）休克伤员的应急救援

1）确保伤员安全，并将其移至安全区域，避免外界环境对其造成进一步伤害。如果伤员意识清楚，应尽量让其保持平静，避免情绪波动，加剧休克。应迅速评估伤员的生命体征，包括意识、呼吸、脉搏和皮肤状态。如果伤员的气道受阻或呼吸困难，应立即清除口腔异物并保持气道通畅。

2）将伤员平卧在地面上，并适度抬高其下肢20~30厘米（除非怀疑存在脊柱、骨盆或下肢损伤），以增加回心血量，改善脑部和心脏的供血。同时，应防止体温下降，用衣物或毯子覆盖伤员，保持其温暖，但应避免过热或直接用热源接触。

3）若因出血引发休克，应优先采取止血措施。对于外部出血，可使用直接压迫法、绷带包扎或止血带等方法；若伤口较深且无法止血，可在专业医疗人员到达前临时采取填塞止血法。避免自行处理内出血，应尽快送医。

4）在等待医疗救援的过程中，应密切观察伤员的生命体征变化。如果伤员出现意识丧失或心搏骤停、呼吸停止，应立即进行心肺复苏

（CPR）。注意，不能向失去意识的伤员喂食或喂水，以防窒息。

5）拨打急救电话（120），向救援人员详细说明事故位置、伤员状况和采取的急救措施，确保后续医疗处理的顺利进行。同时，在救护车到达前，尽可能避免搬动伤员，除非当前环境危及其生命安全。整个过程中，要遵循"先救命、后治伤"的原则，以提高伤员的生存概率。

49. 骨折急救与伤员搬运的注意事项

（1）骨折急救的注意事项

1）在处理开放性骨折时，局部要做清洁消毒处理，用纱布将伤口包好，严禁把暴露在伤口外的骨折断端送回伤口内，以免造成伤口污染和再度刺伤血管与神经。

2）对于大腿、小腿、脊柱骨折的伤员，一般应就地固定，不要随便移动伤员，不要盲目复位，以免加重损伤程度。如上肢受伤，可将伤肢固定于躯干；如下肢受伤，可将伤肢固定于另一健肢。

3）骨折固定所用的夹板长度与宽度要与骨折肢体相称，其长度一般以超过骨折处上下两个关节为宜。

4）固定用的夹板不应直接接触皮肤。在固定时可将纱布、三角巾、毛巾、衣物等软材料垫在夹板和肢体之间，特别是夹板两端、关节骨头突起部位和间隙部位，可适当加厚垫，以免引起皮肤磨损或局部组织压迫坏死。

5）固定、捆绑的松紧度要适宜，过松达不到固定的目的，过紧影响血液循环，导致肢体坏死。固定四肢时，要将指（趾）端露出，以便随时观察肢体血液循环情况。如果出现指（趾）苍白、发冷、麻木、疼痛、肿胀、甲床青紫等症状，说明固定、捆绑过紧，血液循环不畅，应立即松开，重新包扎固定。

6）对四肢骨折固定时，应先捆绑骨折端处的上端，后捆绑骨折端处的下端。如捆绑次序颠倒，则会导致再度错位。上肢固定时，肢体要屈着绑（屈肘状）；下肢固定时，肢体要伸直绑。

7）要注意伤口和全身状况。如伤口出血，应先止血，再包扎固定；如出现休克或呼吸停止、心搏骤停，应立即进行抢救。

（2）骨折伤员搬运的注意事项

1）初步处理。在搬运前应对骨折部位进行初步处理，以尽量减轻伤员的痛苦并防止二次伤害。使用夹板、木板或其他坚固材料将骨折部位和邻近关节固定好，确保其在搬运过程中保持稳定。对于开放性骨折，应使用干净的纱布或布块覆盖伤口用以止血，但应避免直接按压骨折部位，以免加重损伤。

2）搬运方式。搬运骨折伤员时，应优先选择硬质担架等专业工具，确保身体保持平稳，避免因不适当的工具或操作引发二次伤害。

搬运时需要多人配合，动作轻柔缓慢。尤其是在怀疑脊柱或颈椎骨折时，应使用脊柱板将伤员从头到脚完全固定，同时支撑头部，避免脊柱受到任何弯曲或扭转。

3）搬运时的操作。搬运过程中，必须避免移动或牵拉骨折部位，以防止进一步损伤。应保证伤员的姿势舒适，并在抬起或放下时尽量平稳，防止振动、摇晃或撞击到骨折部位。

4）防止并发症。搬运过程中需要密切观察伤员的生命体征，包括呼吸、脉搏和意识状态。如发现异常状况，应立即采取应急措施。此外，应尽量避免对骨折部位施加任何压力，同时确保伤员的身体处于较为舒适的姿势，以减少心理和身体的不适感。

5）紧急情况下的应对。在缺乏专业工具的情况下，可利用衣物、绳子或其他简单的材料对骨折部位进行临时固定，确保其在搬运时不会随意移动。尽快将伤员送往医院，并尽量减少搬运过程中的处理，尤其不要擅自尝试复位或对骨折进行复杂操作，以免导致更严重的损伤。

50. 常用止血与绷带包扎方法

（1）常用的止血方法

1）一般止血法。针对小的创口出血，需先用生理盐水冲洗后再消毒患部，然后覆盖多层消毒纱布，并用绷带扎紧包扎。

2）填塞止血法。将消毒的纱布、棉垫、急救包填塞、压迫在创口内，外用绷带、三角巾包扎，松紧度以达到止血为宜。

3）加垫屈肢止血法。加垫屈肢止血法是适用于四肢非骨折性创伤的动脉出血的临时止血措施。当前臂或小腿出血时,可在肘窝或腘窝内加垫纱布、棉花、毛巾等,屈曲关节,用绷带将肢体紧紧地缚于屈曲的位置。

4）绞紧止血法。把三角巾折成带形,打一个活结,取一根小棒穿在带子外侧绞紧,将绞紧后的小棒插在活结小圈内固定。

5）止血带止血法。止血带止血法是使用止血带在出血部位近心端进行绑扎,阻断出血部位的动脉供血,从而达到止血目的的方法。适用于肢体部位不易被控制的动脉出血或大静脉出血。

（2）常用的绷带包扎方法

1）环形法。将绷带做环形重叠缠绕。首先第一圈做稍斜缠绕,然后第二、第三圈做环形缠绕,并将第一圈斜出的一角压于环形圈内,最后用橡皮膏将带尾固定,也可将带尾剪开两头打结。此法是各种绷带包扎中最基本的方法,多用于手腕、肢体等部位。

2）蛇形法。先将绷带按环形法缠绕数圈,再按绷带的宽度做间隔斜形上缠或下缠。

3）螺旋形法。按环形法缠绕数圈,之后的上缠每圈都盖住前圈的 1/3 或 2/3 做螺旋形缠绕。

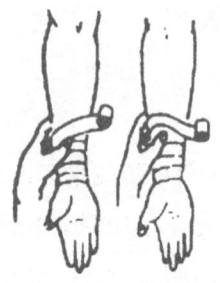

4）螺旋反折法。先按环形法缠绕数圈，再做螺旋形法缠绕，等缠到渐粗处，将每圈绷带反折，盖住前圈的1/3或2/3，依次由上而下地缠绕。

5）"8"字形法。在关节弯曲的上方、下方，先将绷带由下而上缠绕，再由上而下呈"8"字形来回缠绕。

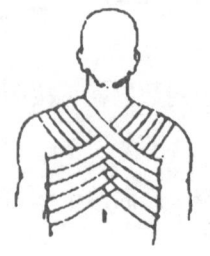
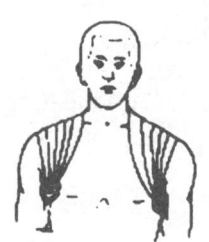